太陽光パネル循環型ビジネス

環境エネルギー循環センター
江田健二／穴田 輔／山口桃子

エネルギーフォーラム

［目次］

第2章

第3章

第4章 太陽光パネルの適切な処分はどのように行っていくべきか　71

太陽光パネル処理の流れ

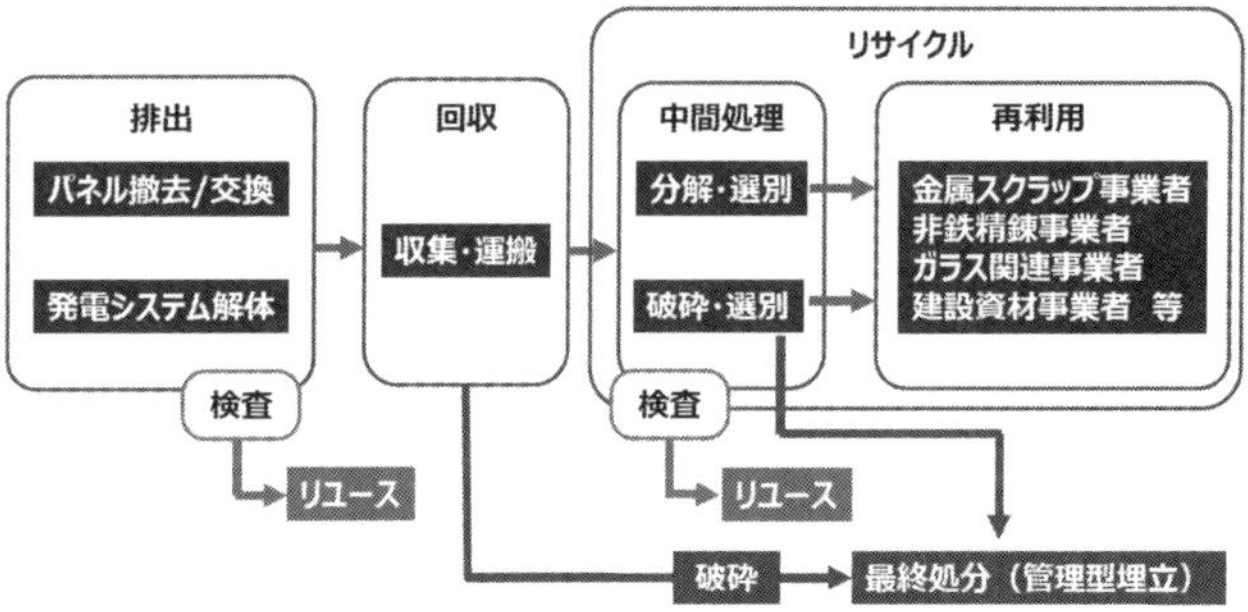

出所：太陽光発電協会（JPEA）

はじめに

本書は、太陽光パネル（太陽電池モジュール）のリユース、リサイクル、廃棄について述べています。

太陽光パネルに関する書籍は数多くありますが、筆者が知る限り、リユース、リサイクル、廃棄に焦点を当てて詳細に記した書籍は、未だ世に出ていないのではないでしょうか。

これから日本を含め世界全土で、太陽光パネルのリユース、リサイクル、廃棄が盛んになります。日本だけでも対象となる太陽光パネルの枚数は3億枚に及びます（環境エネルギー循環センターの推定）。まさに太陽光パネル大量廃棄時代を迎えるのです。この途方もない枚数の太陽光パネルを適切にリユース、リサイクル、廃棄していくことは、持続可能な循環型社会の形成においてとても大切です。

加えて、新たなビジネスチャンスにもなり得ます。しかし、現状は、ルールが徹底されておらず、不法投棄をはじめ問題が山積みです。

筆者3名が所属する環境エネルギー循環センターでは、4年前から定期的に太陽光パネルの適切なリユース、リサイクル、廃棄に関するセミナーを開催してきました。セミナーを重ねるごとに参加者は増加し、今ではセミナー参加申し込みスタートから数日で定員に達する盛況ぶりになっており、関心の高さを窺い知れます。

本書では、セミナーでの内容、参加者から多く寄せられる質問への回答、最新の情報や事例をわかりやすく説明しています。特に現場で実際に起きている太陽光パネルの不具合や太陽光パネルのリサイクル、廃棄について、可能な限り丁寧に解説するよう心がけました。

本書を読むことで、太陽光パネルのリユース、リサイクル、廃棄の最前線を把握できると自負しています。具体的には以下のとおりです。

- なぜ太陽光パネルのリユース、リサイクル、廃棄を進める必要があるのか。
- 再生可能エネルギー特別措置法の一部を改正する法律（改正ＦＩＴ法）で抑えておくべき点はどこか。
- 日本では、どれくらいの太陽光パネルが将来的に廃棄されるのか。
- 現場では、どのような太陽光パネルの不具合が発生しているのか。

・太陽光パネルのリユース、リサイクル、廃棄には、どのような方法があるのか。
・リユース、リサイクル、廃棄を進めるには、どのような課題を克服する必要があるか。
・世界全体では、どれくらいの太陽光パネルが将来的に廃棄されるのか。
・海外（欧州や米国など）では、どのような先進的な取り組みがなされているのか。

ぜひ本書をきっかけに、太陽光パネルのリユース、リサイクル、廃棄について理解を深めていただけると幸甚です。そして、新たなビジネスチャンスにしていただければ望外の喜びです。

２０２３年３月吉日

環境エネルギー循環センター理事　江田健二

第1章

太陽光発電が「本当の意味で」主力電源になるために足りないこと

「太陽光発電などの再生可能エネルギーは主力電源になり得るのか」、「太陽光発電は将来も期待して良い電源なのか」については、多くの場で議論されています。太陽光発電を含めた再生可能エネルギーが火力発電や水力発電と同様に主力電源になるためには、何が必要なのでしょうか。太陽光発電が多くの人から認められ、期待される産業に育っていくためには、どのようなステップが必要なのでしょうか。

主力電源になるために超えるべき壁

主力電源になるには、「発電の安定性」や「経済性」が欠かせません。燃料が安価で安定的に手に入る石炭火力発電などは、こうした条件を満たすため、日本の主力電源として長い間一役を担ってきました。火力発電は、2019年時点の電源構成でも75％以上を占めていますが、二酸化炭素（CO_2）の排出が多く、環境負荷が高いことが国際的に問題視されています。

そのような流れもあり、再生可能エネルギーを主力電源化するため、政府は、これまで固定価格買取制度（ＦＩＴ制度）などで再生可能エネルギーの導入を促してきました。2030年度におけるエネルギーの割合を示したエネルギーミックスでは、再生可能エネルギーの導入水準を36～38％とする計画が掲げられています。

この10年で太陽光発電の導入は進んでいますが、「太陽光発電（再生可能エネルギー）が主力電源になることは難しい、期待できない」と言う立場の人も未だ多くいます。主力電源として期待できないと主張する人の意見を少し紹介します。以前からある理由としては、太陽光発電は採算が合わないと主張するなど、他の発電に比べて太陽光発電は、発電効率が悪い、発電単価が高いという指摘です。

発電効率の現状についてみてみましょう。変換効率とは、太陽光パネルへ取り込まれた太陽光エネルギーを電気エネルギーに換える割合を示す数値です。数値が大きいほど発電量が多いとされており、設置する太陽光パネルによっても大きく変動しますが、平均は15〜20％となります。

新エネルギー・産業技術総合開発機構（ＮＥＤＯ）は、２０２５年までのセル変換効率30％の目標を掲げています。各メーカーもセル表面に反射膜を設置するなど工夫して太陽光パネルの吸収率を向上させています。セルとは、太陽電池の基本単位のことです。セルを集めてパネル（モジュール）化することで電気を作っています。２０１０年にドイツのメーカーが20・3％の効率を達成しました。国内でも２０１７年2月にセレン化銅インジウムガリウム（ＣＩＧＳ）系薄膜パネルで19・2％の効率を達成しています。加えて、２０１７年4月に神戸大学で変換効率50％を超える技術が発表されました。変換効率については年々上昇傾向といえます。

図表1－1　太陽光発電の売電価格推移

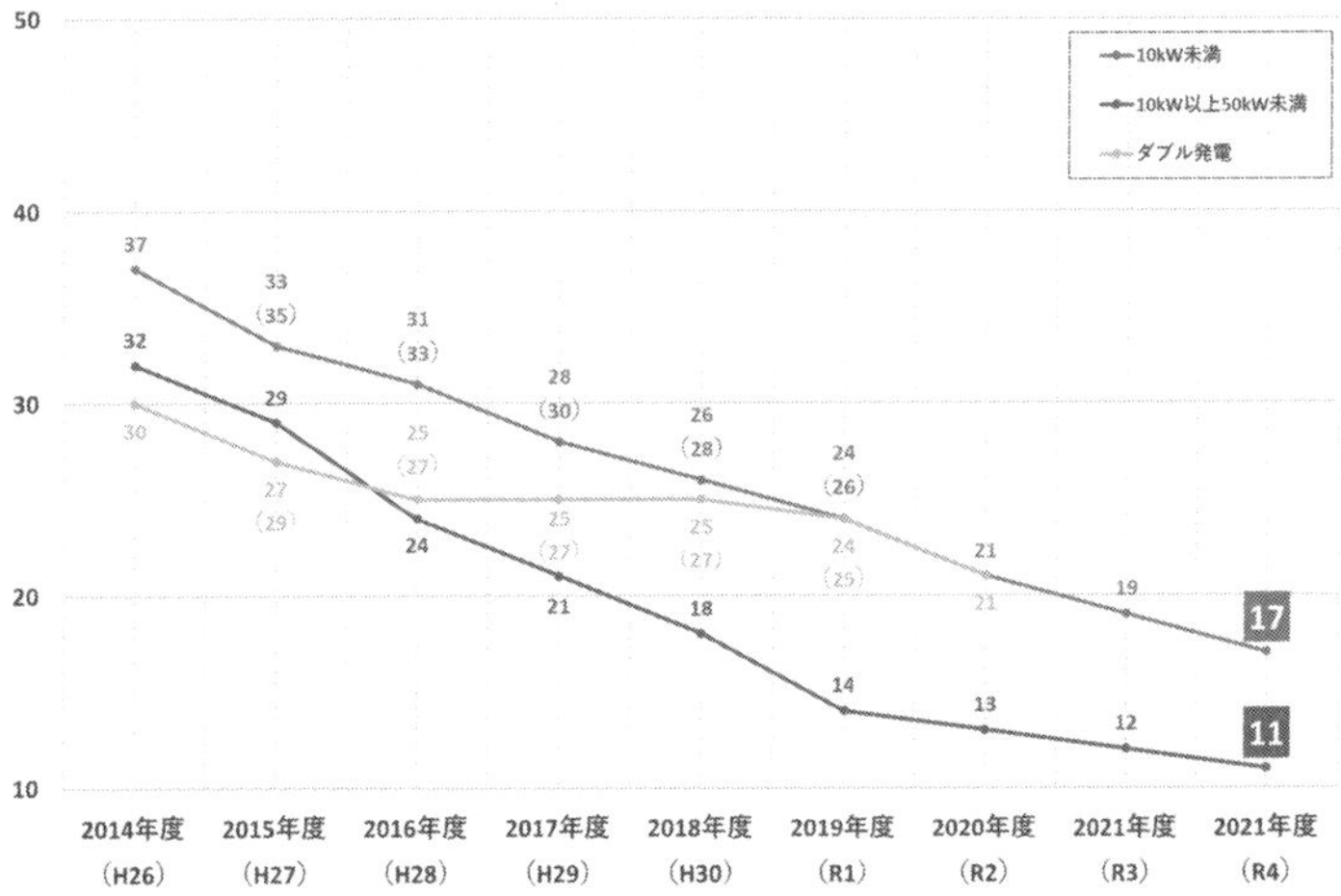

出所：環境エネルギー循環センター

発電単価についてはどうでしょうか。具体的には、図表1－1の太陽光パネルの売電価格の推移を見ていくと、年々下がっていることがわかります。FIT制度が始まった2012年度の売電価格は、10キロワット未満で42円、10キロワット以上で40円でした。それが2022年度は10キロワット未満で17円、10キロワット以上で11円となっています。

現在の太陽光発電の普及は、あくまでもFIT制度などのおかげで成り立っているという主張もあります。しかし、発電効率が悪い、発電単価が高いとの指摘については、徐々に解消されつつあるといえるでしょう。

発電の不安定性に対する指摘

次に、ここ数年、新たに指摘されていることとして発電の不安定さがあります。太陽光発電などの再生可能エネルギーは、日照時間などで発電量が左右されるため、出力が不安定という弱点があります。需給のバランスが崩れてしまうと、周波数に乱れが生じ、発電所の発電機や工場の機器に悪い影響を与え、最悪の場合は大規模停電につながってしまいます。

そこで政府は、電源を確実に制御する「優先給電ルール」を設けることで、この制約を緩和しようとしています。具体的には、電気が需要以上に発電され、余ってしまう場合、まず火力発電（液化天然ガス〈ＬＮＧ〉・石炭・石油など）の発電量を減らします。次に、ダムを使って発電する揚水発電の動力として電気を使用して、電気の需要を増やします。それでも電気が余る場合には、「地域間連系線」を使って、他のエリアに電気を融通します。それでも対応できない場合には、バイオマス（生物資源）発電、太陽光発電、風力発電の出力を制御するという順番になっています。

例えば、太陽光発電を中心に再生可能エネルギーの導入が急速に進んでいる九州では、再生可能エネルギーの出力制御として、こうした対応が確実に実施できるように日々訓練が行われています。加えて、出力制御量自体を減らすために、地域間連系線の利用拡大や、電気が余る時間帯に需要の創出を促すための取り組みなども進めています。

さらに、発電の不安定さを解消し、再生可能エネルギー電源を活用していくためには、その変動を調整できる何らかの仕組みが必要です。その調整力のひとつとして期待されているのが蓄電池です。使い切れない電気を蓄電池に貯めておき、必要なときに放電して利用します。

メガソーラー発電所に蓄電池を併設するなどの取り組みが進んでいます。例えば、北海道では、住友商事が千歳市の工業団地の一角に、10数億円を投じて、容量2万キロワット時以上の大型蓄電所を建設しています。標準的な家庭で、およそ２５００世帯が1日に使う電力を再生可能エネルギーだけで賄うことができるこの設備は、２０２３年の夏ごろに完成する見通しです。

不安定さに関しては、フレキシビリティ（柔軟性）が高まりつつあり、解消されつつあることを指摘する人もいます。フレキシビリティとは、発電や負荷の大きさを柔軟に変化させることが可能な力のことです。再生可能エネルギーの導入により電力系統が混雑することから、系統運用者からの指令による需給調整コントロールなどに「分散型資源（ＤＥＲ）フレキシビリティ」が活用されています。

例えば、エナリスは、「再生可能エネルギーの不安定性を発電サイドでできるだけ吸収し、市場取引での収益を最大化するために必要な技術開発、仕組みを構築すること」を目的に実証

図表1−2　DERフレキシビリティ活用システムのイメージ

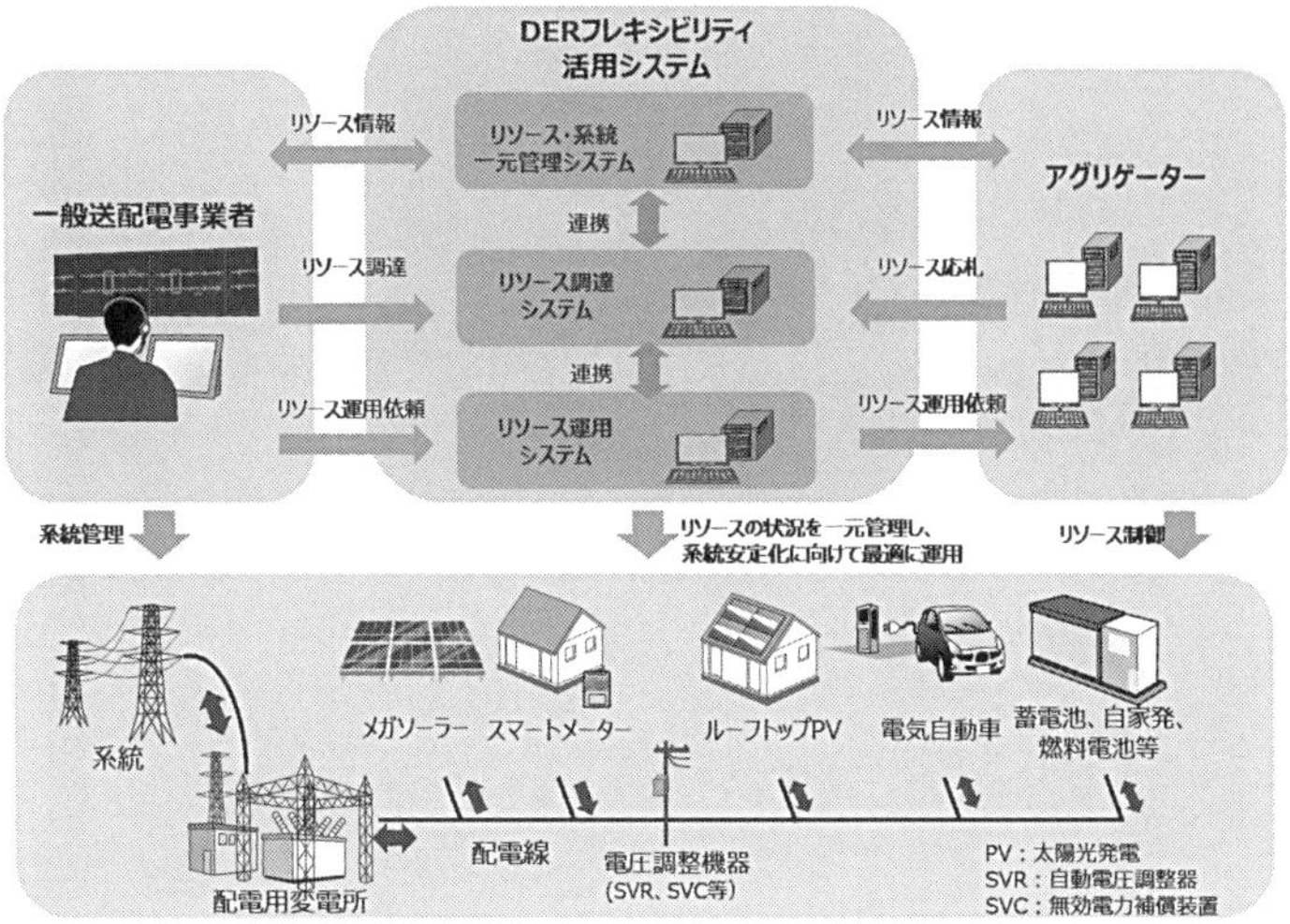

出所：東京電力パワーグリッド

を実施しています。

東京電力パワーグリッドなどでは、電力系統の混雑などの情報とＤＥＲによる需要創出を組み合わせ、送配電設備の容量制約などを回避し、再生可能エネルギーの最大限の有効活用を促進する仕組みを検証しています（図表1−2）。

まだ少し時間はかかるかもしれませんが、新たな技術を活用することで、発電の不安定さに関する指摘についても解決に向かうでしょう。

最大の壁は持続可能な産業になること

「発電効率、発電コスト、発電の不安定性」の壁を超えることで、太陽光発電は主力電源になり得るのでしょうか。筆者は、さらに超えなくてはいけない壁があると考えます。

さらに超えなくてはいけない壁とは、太陽光発電が持続可能な産業になるということです。持続可能な産業になるには、太陽光発電産業自体の中で「循環が成り立っている」ことが必要だと考えます。いくら太陽光パネルの発電効率が良くなり、発電コストが下がり、不安定さが解消されたとしても、持続可能な産業になっていない限り、主力電源になったとはいえません。

持続可能な産業になるには、具体的には「製造~利用~廃棄までの循環が整っている」ことが大切です。つまり、主力電源となり期待できる電力になるには、太陽光パネルの技術的な壁を超えていくことに加えて、産業として永続性が求められます。

では、太陽光発電産業において「循環が成立している」とはどのようなことなのか、他の産業を例にさらに考えてみましょう。

自動車産業の場合です。自動車の場合、新車登録日から3年後までに車検を受ける必要があります。国が定めた保安基準に適合しているかを一定期間ごとにチェックするため、その後は2年間隔で車検を受けていきます。メンテナンスなども受けることで10~15年乗り続けることができます。新車市場と一緒に中古車市場も拡大しています。1970年代にはオークション形式での業者間取引が各地で行われるようになり、1990年代には中古車買取専門店が各地に登場します。日本の中古車の年間登録台数は1992年に初めて新車の販売台数を上回るなど、中古車市場は拡大傾向で成長してきました。

廃棄ルール、素材のリサイクルについても明確になっています。循環型社会形成推進基本法に基づく第5番目の個別法として、2002年7月に使用済自動車の再資源化等に関する法律（自動車リサイクル法）が制定され、2005年1月から施行されました。

自動車を購入する人は、原則、新車購入時にリサイクル料金を支払います。自動車が不法投棄された場合の環境負荷などを考慮して、リサイクル料金の前払い方式を採用したためです。また、廃棄する際は、自治体に登録された引取業者に引き渡すことが義務づけられています。自動車リサイクル制度は、自動車ユーザー、自動車メーカー・輸入事業者・引取事業者・解体事業者・破砕事業者などの事業者の役割を明確にし、廃棄物の削減と資源の有効利用を目指した社会システムです。現在、自動車ユーザーや自動車メーカーなどの自動車産業界が一体となった取り組みに支えられ、使用済み自動車のほとんどがリサイクルされています。

同様に、家電でも特定家庭用機器再商品化法（家電リサイクル法）があり、廃棄、リサイクルに関するルールが明確になっており、循環のサイクルが確立されています。

このように、自動車産業や家電産業では「製造～利用～廃棄」までの循環が出来上がっています。太陽光発電が産業としての地位を確立するには同じことが必要なのです。

50年かけて普及してきた太陽光発電

太陽光発電の場合、「製造～利用～廃棄」の中で、特にどの部分がまだ足りないのでしょうか。少し歴史を振り返りながら考えてみましょう。1973年のオイルショック（石油危機）時に「石油に頼っていて大丈夫だろうか」と言う声が上がり、初めて太陽光発電の普及が具体的な検討課題となります。翌年、政府は、新しいエネルギーの技術開発計画をまとめます。その中で、風力発電や地熱エネルギーなどと並んで、太陽光発電が取り上げられました。

そこからしばらく経った1993年、日本で初めて太陽光発電が住宅に設置されました。当時、補助金制度はなく、コストは4キロワットで、おおよそ1500万円にも上りました。翌年に初めて住宅用太陽光発電の補助金制度が設けられます。並行して、企業側の技術革新も進みます。これに伴ってコストが下がり、太陽光発電の導入量も徐々に増え、1999年には、日本が太陽光パネル生産量で世界一に躍り出ます。

2009年以降、余剰電力買取制度がスタートし、太陽光発電の導入は急速に伸びていきます。これは、家庭で使い切れなかった電気を電力会社が10年間、一定の価格で買い取ることを義務づけた制度です。当時の10キロワット未満の売電価格は1キロワット時あたり48円と、2020年度の買取価格21円の倍以上の価格でした。2011年の福島第一原子力発電所事故で、一気に太陽光発電への注目が高まります。原子力発電に替わるエネルギー源として、改めてその価値を見いだされたためです。国が再生可能エネルギーの主力電源化を掲げ、2012年からFIT制度が開始、「太陽光発電バブル」とまで呼ばれる状況につながっていきます。

さらに2017年、FIT法が改正されます。太陽光発電設備が急増したことに伴い、再生可能エネルギー賦課金は、開始以降5年間で10倍に跳ね上がり、国民の負担が増えていたのです。そこで、これまで発電効率や設置条件など設置にかかる条件のみだったものが、しっかり長期的に運用されるように事業（運用）内容の計画性も審査するように変更されました。

加えて、パネルのメンテナンス（保守点検）などについても法律などが整備され仕組みが整いました。従来は、設置時の「設備認定」で安全基準が満たされていれば良いとされ、設置後の点検などは必須ではありませんでした。しかし、2017年の改正FIT法で、10キロワット未満の住宅用太陽光発電のメンテナンスの義務が新たな項目として盛り込まれました。こうして太陽光パネルを新規に設置した場合は、定期的にメンテナンスをするという認識が広がってきました。

リサイクル、リユースビジネスの必要性

しかし、まだ足りないパーツがあります。それは、太陽光パネルのリユース、適切な廃棄とリサイクルです。この部分も含めて仕組みが確立しないと循環が生まれず、永続的な産業になったとはいえません。先ほど例に挙げた自動車や家電というものは、しっかりと廃棄、リサイクルの部分までが確立しています。そうなってこそ初めて循環が生まれ、産業として認められるのです。つまり、太陽光パネルの適切な廃棄、リサイクルというのは非常に重要なことだといえます。

循環が生まれることで、その産業の領域が広がり、産業自体のビジネス規模が拡大するというメリットもあります。新規の太陽光パネルを設置するというビジネスに加えて、既存の太陽光発電設備を売買していく中古ビジネス、太陽光パネルをリユースして活用するビジネス、太陽光パネルの廃棄後の部品をリサイクルして活用するビジネスへと領域が拡大していきます。それに応じて雇用も生まれます。中古、リユース、廃棄の部分まで取り込んだほうがビジネスの裾野が広がり、関わる企業や人が増え、産業として盤石になります。

産業としての裾野の広がりについても、自動車や家電業界を考えれば想像がつくでしょう。日本の新車市場は、２０２１年度の販売台数（日本自動車販売協会連合会発表）が約４２２万

台（軽自動車を含む）となっているのに対し、中古車市場は約373万台となっています。

1970年代に誕生したオークションビジネスが徐々に事業を拡大していった結果、中古車の流通ルートが安定かつ明確化していきました。結果、人気車種と不人気車種も簡単に見分けられるようになりました。そこで、1990年代、中古車買い取り専門店という新しい業態が初めて日本に現れました。買い取った車を、すぐに流通に乗せる取引プラットフォームが出来上がったのです。オークションの存在を前提にして、ユーザーから人気車種を高い値段で買い取って、さらに、その車をオートオークションに流すという特化されたビジネスを行う買い取り専門業者が出現しました。

中古車買い取り専門業者の出現に伴って、中古車市場はますます活性化され、今まで中古車販売に力を入れてこなかった自動車メーカーの系列販売店も相次いで中古車市場に対する戦略を見直し始めます。2000年以降、メーカー各社は、自社のブランドや流通チャネルを利用し、エンドユーザーから中古車を買い取るサービスを相次いで始めました。

環境省の令和3（2021）年度の報告によると中古品のみを扱っていると考えられる国内の小売業5業種の年間商品販売額の合計は4兆1275億円で、そのうち「中古自動車小売業」が82・7％（3兆4142億円）を占めています。このように、中古市場を取り入れることで、ビジネスマーケットが広がっています。

図表1-3　太陽光発電産業の未来図

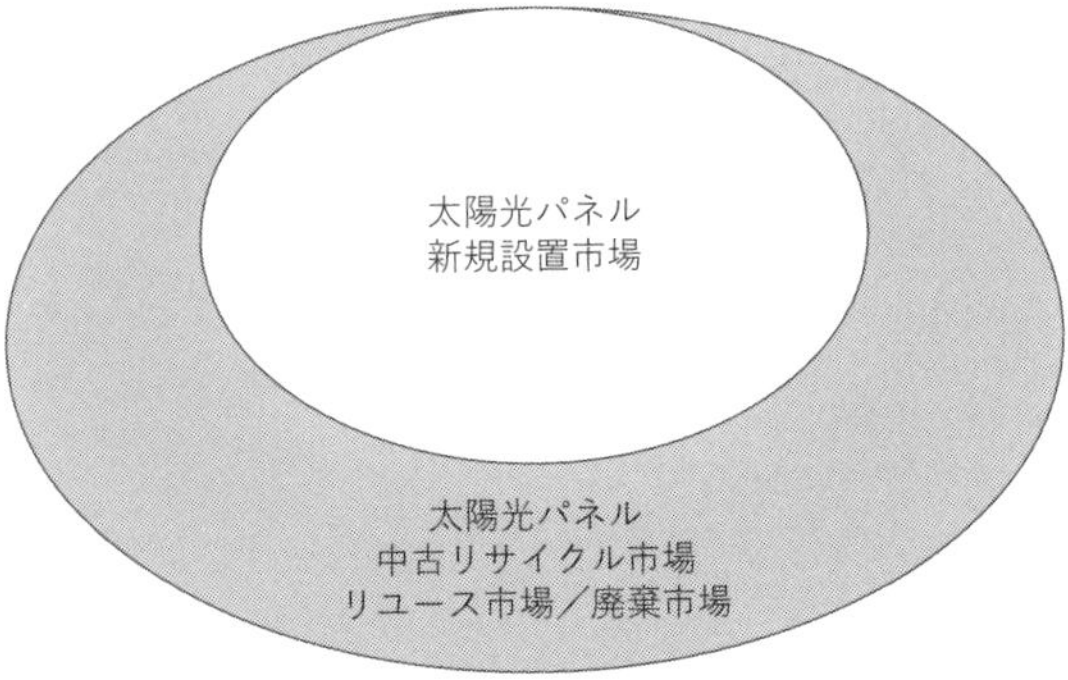
太陽光パネル
新規設置市場
太陽光パネル
中古リサイクル市場
リユース市場／廃棄市場

• 新規の太陽光パネルを設置するというビジネスに加えて、太陽光発電設備を売買する中古ビジネス、太陽光パネルをリユースして活用するビジネス、太陽光パネルの廃棄後の部品をリサイクルして活用するビジネスへと領域が拡大する。
• 中古、リユース、廃棄の部分まで取り込むことでビジネスの裾野が広がり、関わる企業や人が増え、産業として盤石になる。

出所：環境エネルギー循環センター

持続可能な産業に育つには、新しく製品が開発され、普及していくだけではなく、中古市場が活性化する、リユース、リサイクル、廃棄がしっかり確立されるというところまでの循環が出来上がる必要があります（図表1-3）。そこまで出来上がって初めて太陽光発電がひとつの産業と認められ、主力電源として期待できるといえるのです。

第2章

増え続ける太陽光パネルと改正FIT法の影響

図表2-1　世界の電源構成

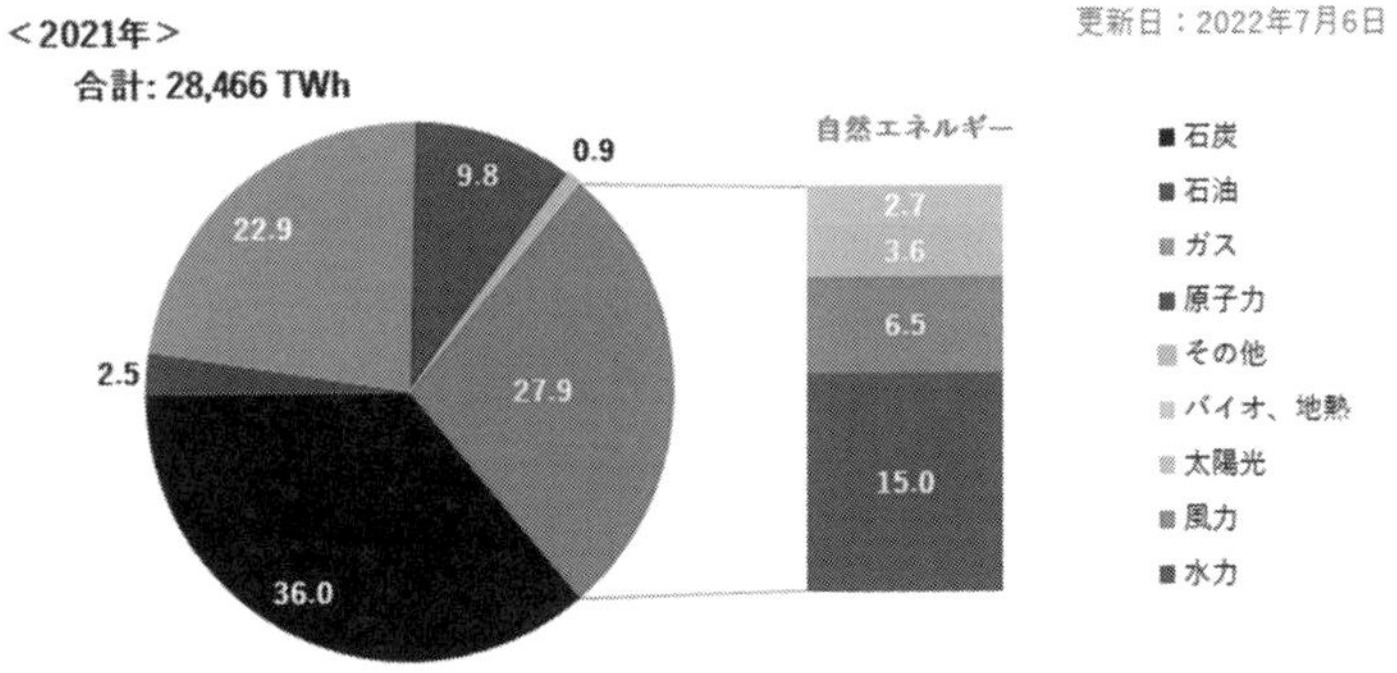

<2021年>
合計: 28,466 TWh
更新日：2022年7月6日
9.8
0.9
22.9
2.5
27.9
36.0
自然エネルギー
2.7
3.6
6.5
15.0
石炭
石油
ガス
原子力
その他
バイオ、地熱
太陽光
風力
水力

注：その他とは、揚水発電、化石燃料からの発電および統計上の差異を含む。グラフにおけるデータは総発電電力量に基づく。
出典：BP, Statistical Review of World Energy 2022 （2022年6月）（2022年6月30日ダウンロード）。

出所：自然エネルギー財団

世界の再生可能エネルギー導入状況

世界的に再生可能エネルギーの普及が進んでいます。発電に占める再生可能エネルギーの比率は、２０１０年の段階で18％でしたが、２０２１年では２７・９％と大幅に増加しています（図表2-1）。水力発電が15％、風力発電が６・５％、それに対して本書のテーマでもある太陽光発電は、３・６％と割合としては未だ少ない状況です。２０３０年には、31％に到達するとの市場予測もあり、今後も再生可能エネルギー市場は進展していくでしょう。

再生可能エネルギーは、国ごとに普及の速度が異なります（図表2-2）。例えば、デンマークでは、約８割が風力発電で賄われており、フランスでは、再生可能エネルギーが25％程度で原子力発電が主要電源となっています。中国やインドのような人口が

図表2-2　国別の電源構成

<2021年、世界18カ国>

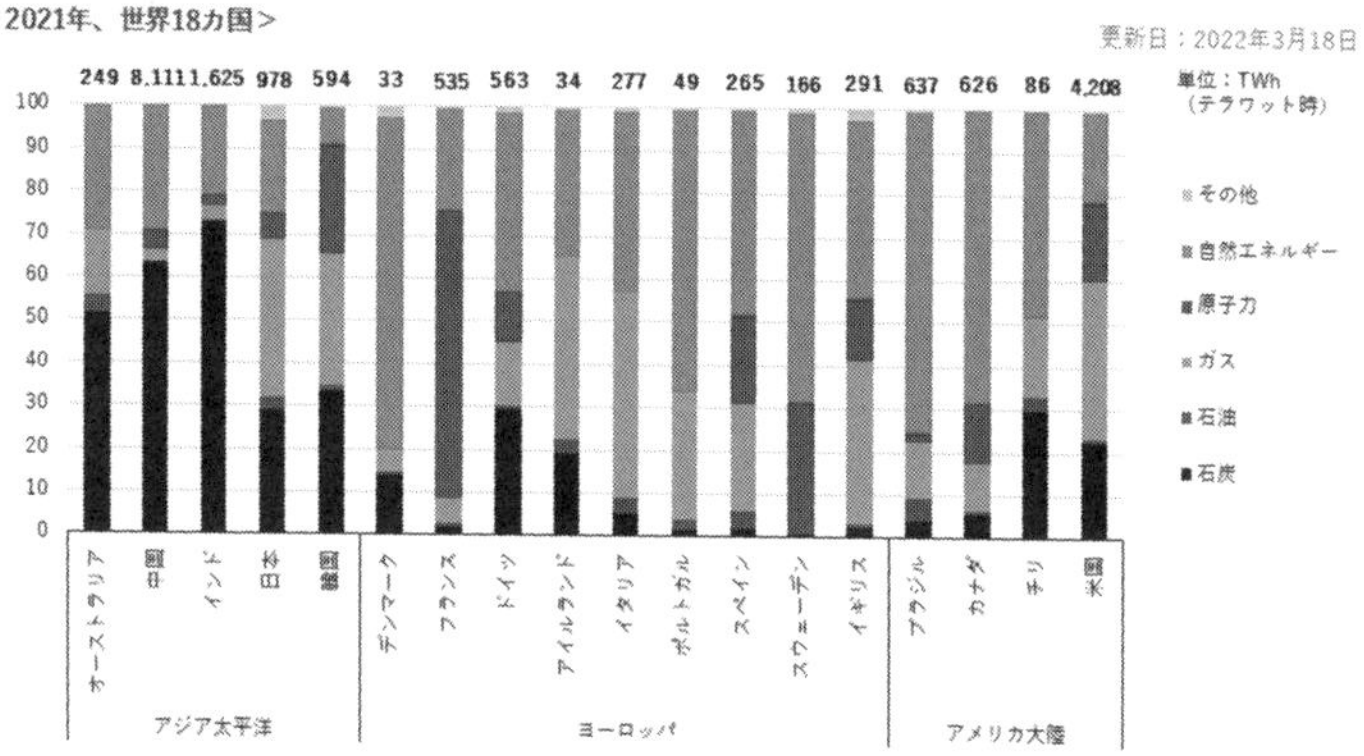
更新日：2022年3月18日
249 8,111 1,625 978 594 33 535 563 34 277 49 265 166 291 637 626 86 4,208
単位：TWh
（テラワット時）
100 90 80 70 60 50 40 30 20 10 0
%
その他
自然エネルギー
原子力
ガス
石油
石炭
オーストラリア
中国
インド
日本
韓国
デンマーク
フランス
ドイツ
アイルランド
イタリア
ポルトガル
スペイン
スウェーデン
イギリス
ブラジル
カナダ
チリ
米国
アジア太平洋
ヨーロッパ
アメリカ大陸

出所：自然エネルギー財団

多く経済成長が著しい国では、火力発電が中心の発電構成になっています。ちなみに中国では、再生可能エネルギーの普及を急ピッチで進めており、近い将来には火力発電を逆転する見通しもあります。日本は、他国に比べると各発電方法のバランスが取れています。その中でも、ここ最近は、再生可能エネルギーの比率が高くなってきています。

日本の再生可能エネルギー導入状況

続いて、日本の市場に目を向けてみましょう。２０２１年10月に「第6次エネルギー基本計画」が発表されました。その中で２０３０年度におけるエネルギーの電源構成目標（エネルギーミックス）が示されており、２０３０年度には、再生可能エネルギーの占める割合を36～38％にする目標が掲げられ

図表2－3　2030年度におけるエネルギー需給の見通し（エネルギーミックス）

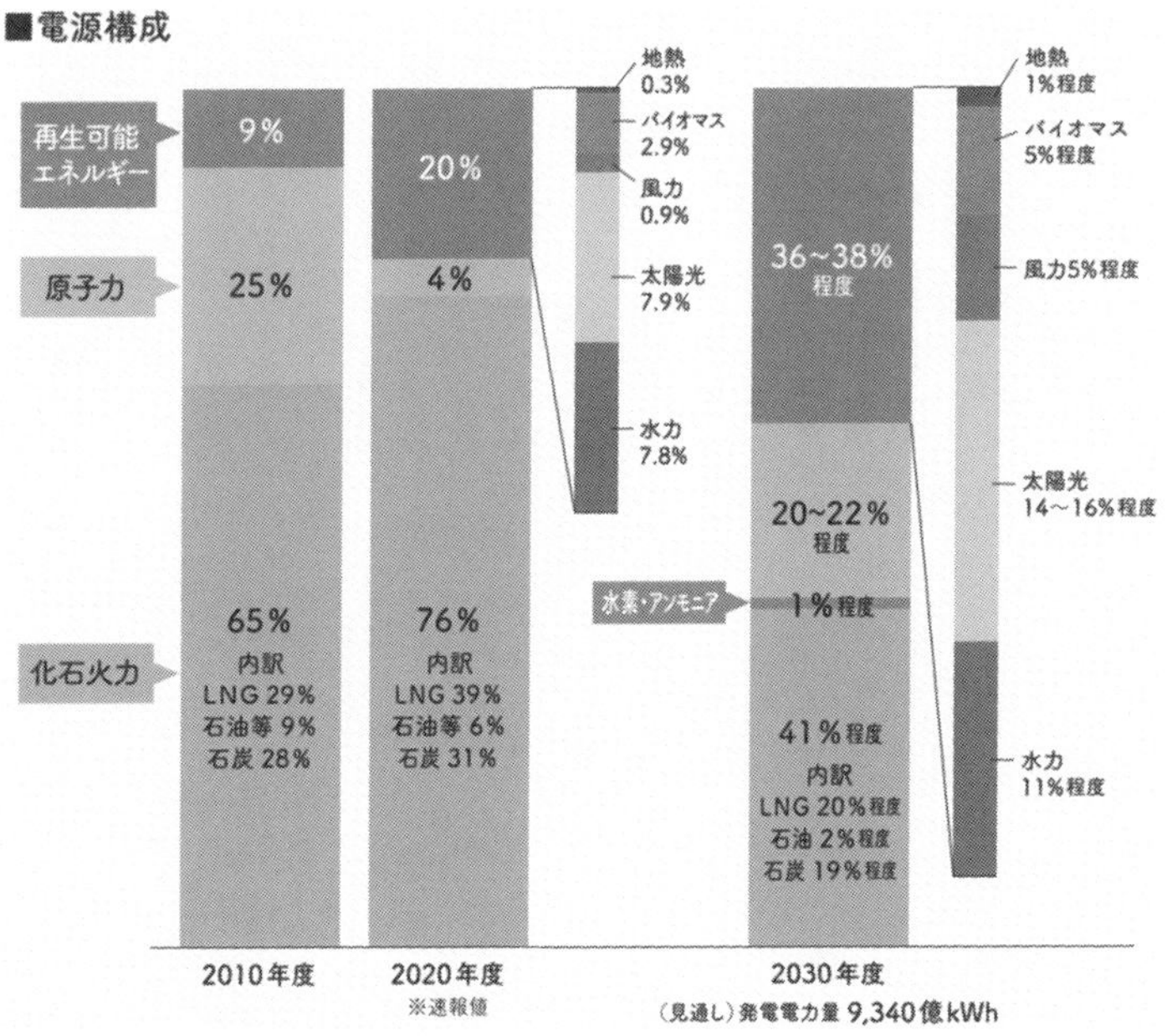

出所：経済産業省資源エネルギー庁「再生可能エネルギーFIT・FIP制度ガイドブック2022年度」

ています。再生可能エネルギーの内訳としては、太陽光が最も多く14～16％程度、水力が11％程度、以下、風力、バイオマス、地熱と続いています（図表2－3）。

実は、このエネルギーミックスですが、2018年7月に発表された第5次エネルギー基本計画では、2030年度における再生可能エネルギーの占める割合は22～24％となっていました。しかし、2021年に開催された気候サミットにおいて、日本は、温室効果ガスを2013年度から2030年度

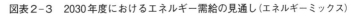

までに46％削減する（これまでの目標の7割以上の引き上げ）という野心的な目標を掲げ国際社会に表明しました。この高い目標を達成するために、さらなる再生可能エネルギーの普及が必要不可欠になったため、比率の大幅な引き上げに至っています。再生可能エネルギーの中でもとりわけ太陽光は、２０１８年設定時の７％から14～16％に大幅に上昇しており、再生可能エネルギーの中でも重要な電源と位置づけられていることがわかります。

続いて、再生可能エネルギーの伸び率を見てみましょう。２０１２年にＦＩＴ制度がスタートし、太陽光が年平均18％と著しく伸びています（図表2-4）。

一方で、買取費用は２０２０年度で3・8兆円に達し、一般的な家庭での平均モデル賦課金は1カ月７７４円に上っています。賦課金とは、必要となる再生可能エネルギー発電事業の資金を広く集めるために、税金のような仕組みで電気利用者に割り当てて負担してもらうお金です。現在の仕組みでは、使用量に応じて負担している状況です。図表2-5からも、太陽光発電設備の増加に伴い負担が年々増加しているのがわかります。各家庭の電力明細の再生可能エネルギーの賦課金の金額が上昇しており、大きな問題になっています。

太陽光発電を中心に再生可能エネルギー設備が急速に普及した一番の背景にあるのは、２０１２年7月に施行されたＦＩＴ制度です。この制度がスタートしてから一気に太陽光発電の普及が進んでいます。制度開始時の電力会社の買取単価は税別で、１キロワット時あたり40

図表２−４　再生可能エネルギーの設備容量の推移（大規模水力は除く）

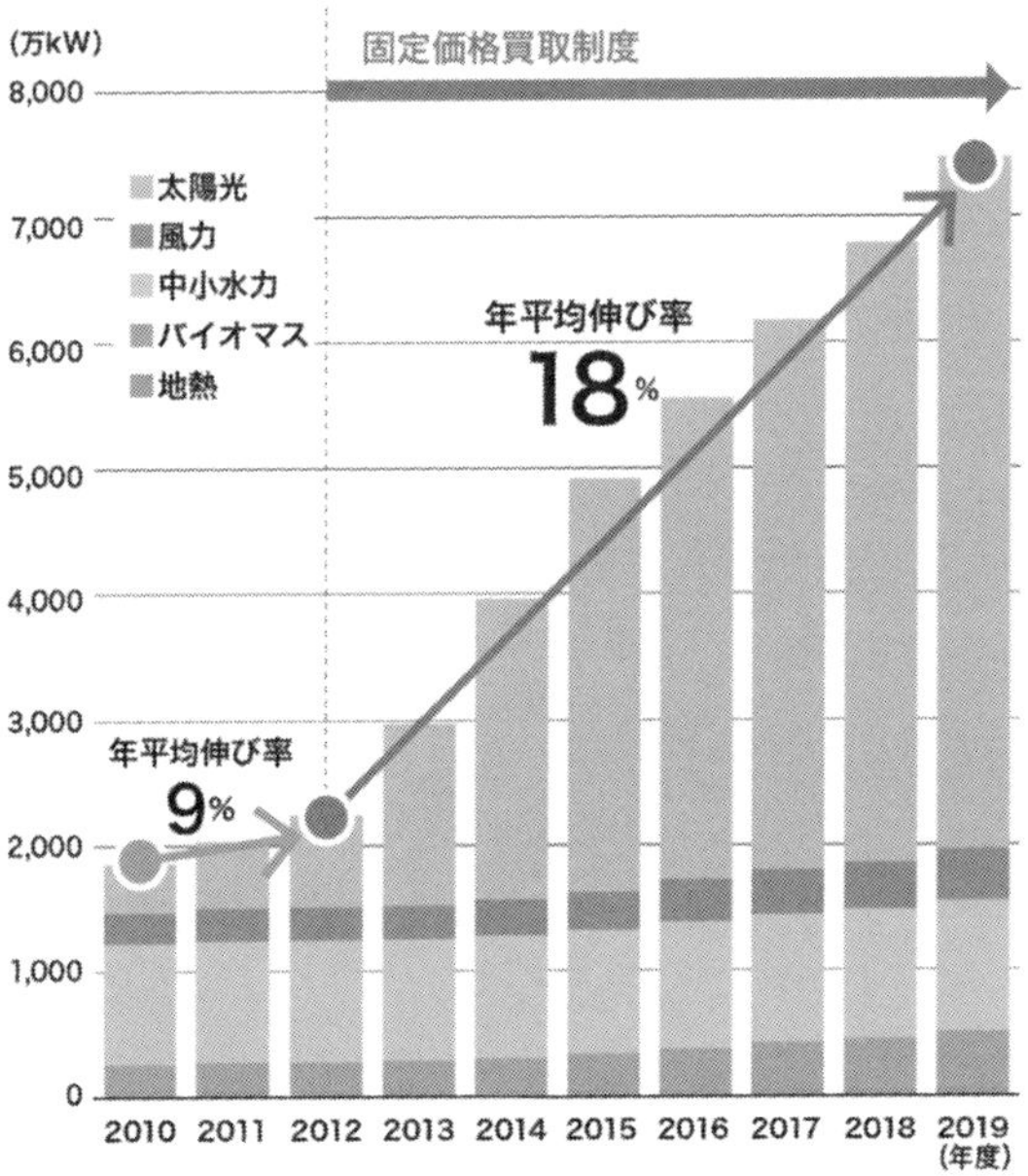

出所：経済産業省資源エネルギー庁「エネルギーを知る10の質問」

円です。各家庭で使用する電気の単価が25円／キロワット時前後でしたので、太陽光で発電した電気を割高な単価で売却することができました。高い単価に加え、グリーン投資減税などの税制優遇の後押しもあり、太陽光発電は一気に普及します。

日本の再生可能エネルギーの固定価格買取制度は、一般的には Feed-in-tariff の頭文字を取った「ＦＩＴ制度」という言葉で広く知られていますが、この制度は、ドイツで先行して施行されていた制度を参考に設計されました。ドイツ以外にもイタリアやスペイン

図表２−５　FIT制度導入後の賦課金の推移

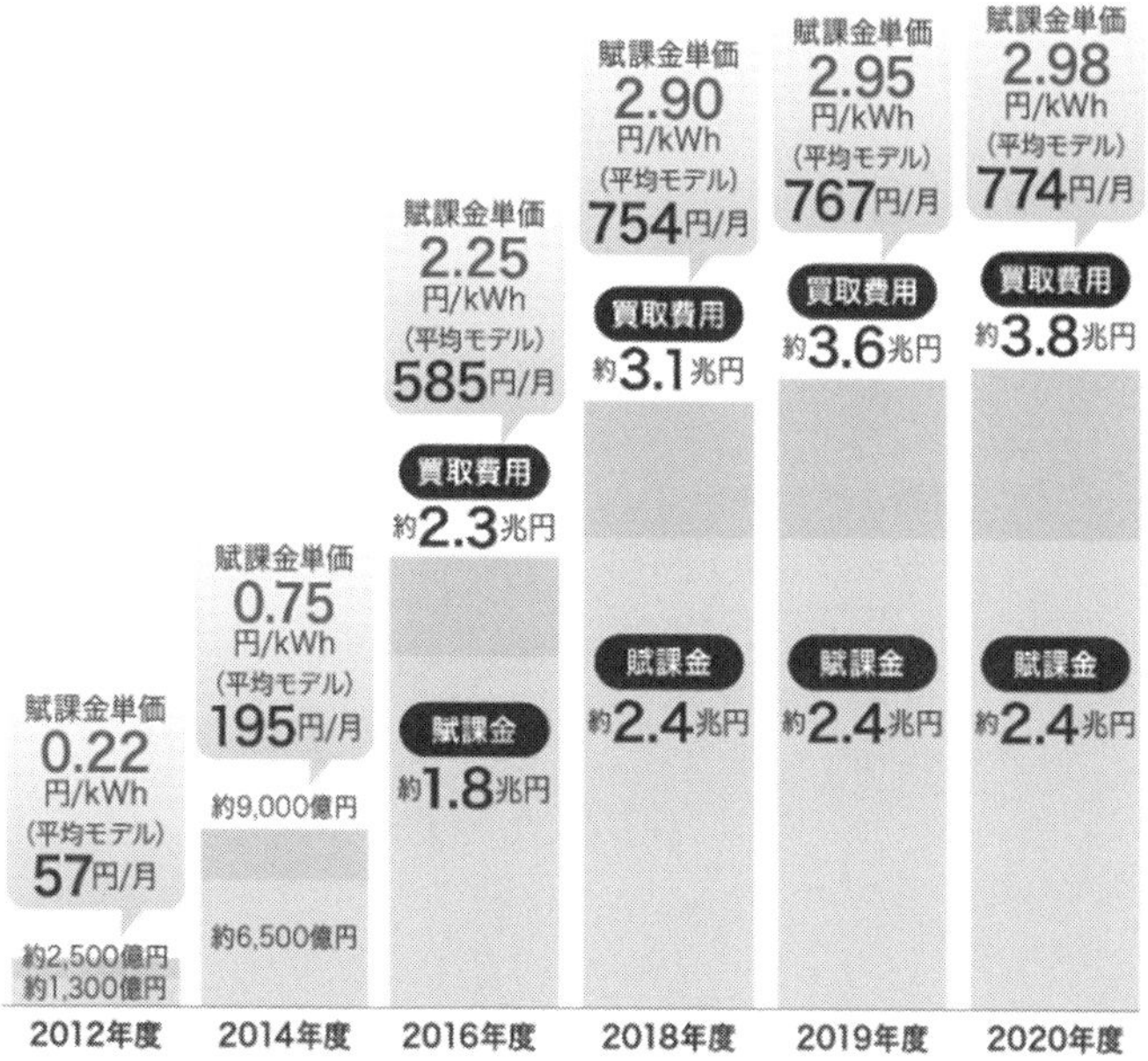

出所：経済産業省資源エネルギー庁「エネルギーを知る10の質問」

が追随し、それらの国の状況を参考に、日本でもＦＩＴ制度をスタートさせました。この制度では、再生可能エネルギーで発電した電気を電力会社が一定価格で一定期間買い取ることを国が約束しているため、さまざまな法人や個人が投資目的で太陽光発電設備を次々に建設していきました。ここでいう一定価格と一定期間とは、売電開始前に確定した売電単価で、10キロワット以上では20年間、10キロワット未満の住宅用は10年間売電し続けることができるという意味になります。この売電単価（電力会社からみると買取単価）は、制度開始初期より年々下がっており、制度開始の2012年度は40円／キロワット時（税別・10キロワット以上）だったものが、2019年度の段階で事業用は既に14円／キロワット時となっています。2022年度は、ついに11円／キロワット時にまで下がりました。そのため、発電した電気を売電するよりも利用したほうがメリットのある状況になってきています。

日本の太陽光発電設備件数と今後の見通し

現在、どれくらいの太陽光発電設備が日本中で導入されているのでしょうか。

図表2-6の中の導入件数は、売電を開始している太陽光発電設備です。全国で約68万件まで増えています。この数値は、10キロワット未満の住宅用を除いた10キロワット以上の設備の導入件数です。約68万件のうち、10キロワット以上50キロワット未満の「低圧設備」と呼ばれる小規模の発電設備が9割以上を占めています。設置されている場所は、工場や商業施設の屋根、空き地、ゴルフ場跡地、農地などさまざまです。郊外を車で走ると太陽光発電設備を目にする機会も多いでしょう。一方、10キロワット未満の住宅用太陽光発電設備は、約293万件の戸建て住宅の屋根に設置されており、10％近くの普及率となっています。現在、複数の自治体で、太陽光発電設備の設置に補助金を出すようになったり、新築の一戸建てへの太陽光発電

図表２−６　太陽光発電設備の導入状況

2021年12月末時点の導入状況（容量・件数）
資源エネルギー庁資料より当社団法人独自で集計した数値になります。
導入件数：約68万件
（10kW以上）前年比：＋2.4万件
認定件数：約78.3万件
前年比：＋0.6万件
導入容量：約51.3GW
（10kW以上）：前年比：＋3.6GW
認定容量：約67.7GW
前年比：+0.8GW
認定残：約10万件
約16.4GW
住宅用（10kW未満）
導入件数：約293万件
導入容量：約13.0GW

出所：環境エネルギー循環センター

設備設置義務化を表明するなど、太陽光パネルの設置が進んできている状況です。

次に、認定件数についてです。太陽光発電設備を新規で設置する際に、事業計画を経済産業省に申請します。その事業計画を国が精査し、認定した件数になります。２０２１年段階で約78・３万件が申請されており、そのうち約68万件は既に売電を開始して導入件数に含まれていますので、その差の約10万件がまだ売電を開始していない状況です。

導入容量について説明します。容量とは、発電設備がどれだけ発電できるかを表した発電能力を表す数値で、キロワットという単位を使用します。実際の発電量（キロワット時）とは違い、あくまで能力を表しています。同じ発電容量の設備でも、太陽光発電の場合、夜間は発電せず、天気の悪い日などは能力を最大限に発揮することができませんので、水力発電や火力発電などとは実際の発電量が異なります。

この導入容量は51・3ギガワットとなっています。1ギガワットは100万キロワットになりますので、5130万キロワットの設備が稼働していることになります。そして16・4ギガワットが運転開始していない状況です。今後も多くの設備が運転開始していくことが予想されます。

容量という言葉は、なかなかイメージしづらいと思いますので、実際どれくらい発電するかの目安をお伝えします。68万件の設備のうち最も件数の多い50キロワット弱の低圧設備の場合、地域や設置条件で変わってきますが、少なくとも年間で5万~6万キロワット時前後の発電が見込めます。この発電量に売電単価を掛けたものが年間の売電収入になります。例えば、32円/キロワット時（税別）であれば、160万~192万円（税別）という計算です。

続いて、今後の予測数値について説明します。図表2-7は、太陽光発電協会（JPEA）が公表している、「JPEA PV OUTLOOK 2050」の主力電源化への道筋で示されている導入量の予想グラフです。既に10キロワット以上の導入量（図表2-7の下から2番目）は、売電単価の下落に伴いピークを過ぎ、新規導入量は減少しています。2023年現在もこの傾向は続いていますが、今後、新規の自立導入（図表2-7の2025年一番上）が増加すると予想しています。自立導入とは、これまでのFIT制度のように発電した電気を電力会社に売電する

図表2-7　2050年に至る想定導入量(1)標準ケース

➢ 導入量は2030年代前半まで約4GW/年となるが、2040年以降は、リプレース・増設分を含め7~12GW/年の導入を想定

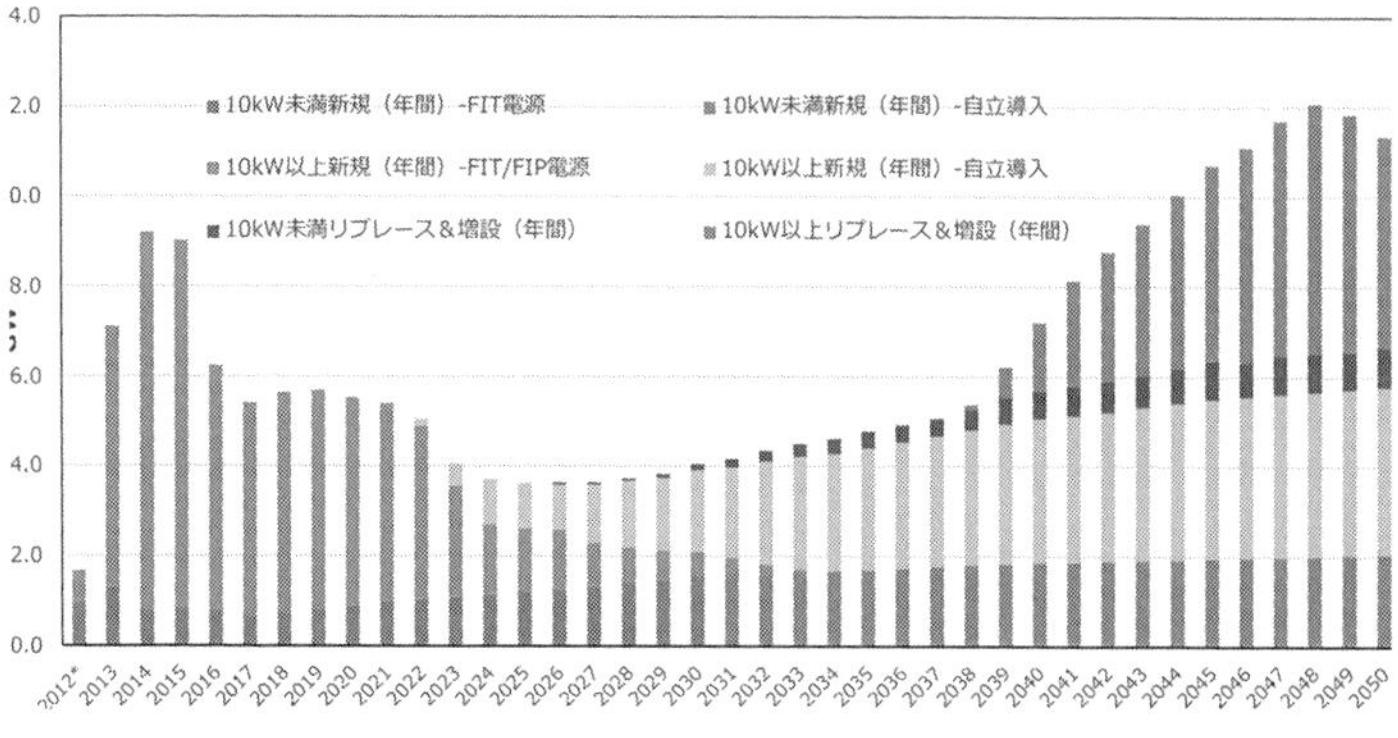

出所：太陽光発電協会(JPEA)「JPEA PV OUTLOOK 2050」

のではなく、工場や建物や住宅などで使用している電気として、発電した電気をすべて使用する「自家消費」を目的とした導入方法です。

10キロワット未満の住宅用は、これまでの余った電気を売る余剰売電から自家消費に切り替わり、設置容量としては横ばいの予測です。東京都の新築建物の太陽光発電設置の義務化など自治体ごとに再度、太陽光発電普及に力を入れているところも出てきたので、増加していく可能性もあるでしょう。また、２０３０年後半からは、リプレースや増設が増える予測を立てています。既存の設備の売電期間が終了し、老朽化するので、その入れ替え需要が出てくるだろうとの予測です。

太陽光発電業界が抱える問題点

２０１２年以降、急速に普及が拡大している太陽光発電設備ですが、それに伴い、問題も増加しています。業界の抱える問題点について解説していきます。

１．維持管理の行われていない設備の急増

２０１２年7月のＦＩＴ制度開始以降、太陽光発電設備が急増しました。特に制度開始の初期のころは、「メンテナンスフリー」という言葉が業界では当たり前の状況でした。したがって、発電事業者もそのような認識をもっており、維持管理がまったく行われていない設備が大半でした。雑草が伸び放題で、道路や近隣住民の住宅にまで伸びている設備、太陽光パネルが割れたまま放置されている設備、発電が停止している設備など問題のある設備が非常に多い状況でした。２０１７年に後述する改正ＦＩＴ法が施行されてからは、メンテナンスを実施する設備も増加しましたが、２０２３年現在も、このような問題のある設備はまだ多く存在しています。

2. 設備の近隣住民とのトラブル多発

太陽光発電設備の中には、近隣の住民の理解を得られないまま設置した設備も多く存在しています。読者の方々の中にも「太陽光はトラブルも多いし、あまり良いイメージがない」という方も多いのではないでしょうか。ここ最近、太陽光発電で話題になったニュースでも、太陽光発電設備の近くでの土砂崩れや河川決壊の際に設置箇所より決壊した等々、良い話はあまり出てきていません。報道で取り上げられる以外にも近隣住民とのトラブルが発生しているのが実情です。例えば、雑草が伸びて道路や隣接する住宅にまで影響が出てしまっているトラブルが多発し、国も問題視しています。

3. 廃棄・撤去についてはまったく考えられていない

ＦＩＴ制度開始当初、「メンテナンスフリー」という言葉が一般的であったことからも、その後に発生するはずの設備の廃棄・処分については、当然のことながらまったく考えられていませんでした。太陽光発電設備が普及するにつれ、徐々にこの問題が取り上げられるようになりました。しかし、設備を販売する会社、事業を検討する発電事業者も売電期間終了後については「かなり先のこと」として、特に気にしていないケースが多かったようです。

改正FIT法の施行

このような問題が徐々に顕在化している状況を受けて、2017年4月にFIT法が改正されました。この改正FIT法は、これまで踏み込んでこなかった内容にも触れられており、業界にとっても大きな変換点となりました。一番大きなポイントは、「設備認定」から「事業計画認定」という言葉に変わったことです。これまで太陽光発電設備に対して国が認定していたものが、太陽光発電事業に対して認定するようになったのです。この言葉の変更により、今まで考えてこなかった維持管理や近隣住民との関係構築、廃棄処分などについてもしっかりと計画を立てる必要性が出てきました。これにより業界内の意識は大きく変わりました。改正FIT法では、事業計画策定ガイドラインが示され、この内容を遵守することが求められるようになりました。改定内容について主な項目を紹介します。

1．外部から見えやすい場所に標識を掲示

20キロワット以上の設備については、発電設備の外部から見えやすい場所に、図表2-8のような標識を掲示する必要があります。これまで放置されている発電設備が近隣住民に影響を与えるケースが非常に多く見られました。例えば、雑草が激しく繁茂し、道路や近隣の住宅に

図表2-8　太陽光発電設備に設置する標識のイメージ

固定価格買取制度に基づく再生可能エネルギー発電事業の設備		
再生可能エネルギー発電設備	区分	太陽光発電設備
	名称	霞ヶ関発電所
	設備ID	D××××××15
	設置場所	東京都千代田区霞が関△番地
	出力	150.0 kW
再生可能エネルギー発電事業者	氏名	経済産業株式会社 代表取締役　経済一郎
	住所	東京都千代田区霞が関○番地
	連絡先	××－××××－××××
保守点検責任者	氏名	霞ヶ関メンテナンス（株） 理事長　産業二郎
	連絡先	××－××××－××××
運転開始年月日		（西暦）○○○○年X月○日

25cm以上

35cm以上

少なくともどちらかを記載すること

必要に応じて修正すること

出所：経済産業省資源エネルギー庁「事業計画策定ガイドライン」

侵入したり、スズメバチの巣が大量に発生したり、太陽光パネルが外れて隣地に飛んだりといった例も多数報告されています。近隣住民は、このような状況を改善しようにも設備の持ち主や、連絡先もわからず泣き寝入りをするケースがほとんどだったため、標識内に持ち主や連絡先を明記することが盛り込まれました。

2．適切な維持管理の実施

改正FIT法施行前までは「メンテナンスフリー」という考え方が一般的でしたが、改正FIT法で大きく認識が変わりました。内容としては、事業計画段階で保守点検及び維持管理計画の策定が求められること、運転開始後は、それに沿って保守点検及び維持管理の実施が必要になります。事業計画策定ガイドラインでは、以下のように記載されています。

民間団体が作成したガイドラインを参考にし、これらと同等又はこれら以上の内容により、着実に保守点検及び維持管理を実施するように努めること。

ここでいう民間団体とは、太陽光発電業界の中心団体である太陽光発電協会、ＪＰＥＡのことです。ＪＰＥＡから保守点検ガイドラインが公表されており、この保守点検ガイドラインの内容に沿って、定期的なメンテナンスを実施していく必要があります。また、メンテナンスの実施内容については、報告書として保管する必要があります。

3．第三者が容易に発電設備に立ち入ることができないように柵塀を設ける

太陽光発電設備は、感電の危険もあります。その理由から安全確保のため立ち入りを防止する内容が盛り込まれています。隣が崖、密集した樹木や草木が生えているようなケースは別ですが、基本的に発電設備の周囲を、容易に立ち入れない高さと強度の柵塀で囲む必要があります。あわせて入口を施錠し、見えやすい位置に立ち入り禁止看板を掲示することも求められています。しかし、この柵塀の設置については、２０２３年現在でも未設置の設備が多く存在しているのが実情です。

4．非常時の対応として、以下の対応

1　落雷・洪水・暴風・豪雪・地震等が発生した場合、可能な限り現地を確認し、損壊がないか、周辺に太陽光パネル等の飛散がないかを確認する。

2　上述のような自然災害の発生が予想される場合は、事前の点検等で確認を行う。

3　事故が発生した場合、電気関係報告規則、消費生活用製品安全法の定めに従い、速やかに事故報告を行う。

いずれも災害の多い日本において、非常時についての事前対応、発生後の対応について説明されています。これまでは、特に中小規模の発電所において自然災害が発生しても、電力系統に影響が及んでいない場合、そのまま放置されているケースが多く見られました。例えば、雪の重みにより設備が倒壊した状況、強風で隣地の木が倒れ発電設備が損壊しているような状況でも、そのままの状態で放置されている場合などです。事業者が気づいていない場合だけでなく、意図的に放置している場合も多く見られました。改正ＦＩＴ法にて非常時についても規定が加えられたこと、後述する改正電気事業法における、低圧設備（50キロワット未満）の事故報告の義務化により、発見して速やかに対処することが求められるようになりました。

5．計画的な廃棄費用の確保と事業終了後の撤去・処分の実施

本書のテーマになりますので、詳しくみていきましょう。この改正FIT法の施行が廃棄・処分を考えるきっかけになったのは間違いありません。

①計画的な廃棄費用の確保

発電事業者は、発電設備の解体などに必要な費用を積み立てることが義務づけられています。したがって、計画申請段階でも、事業シミュレーションに廃棄費用を盛り込んでおく必要があります。この廃棄費用の積み立て義務化の詳細について説明します。

2022年4月1日から施行された「改正再生可能エネルギー特別措置法」に基づいて、2022年7月から積み立て制度がスタートしました。経済産業省資源エネルギー庁の「廃棄等費用積立ガイドライン」によると、対象となるのは、10キロワット以上の太陽光発電設備すべてで、一斉に積み立てを開始するわけではありません。「調達期間が終わる日の10年前から」と記載されていますので、売電11年目から積み立てがスタートするイメージです。例えば、2013年7月に運転を開始した設備では、2023年7月から積み立てが始まります。

廃棄費用の積み立て自体は、もともと任意で行われていましたが、2019年に経済産業省資源エネルギー庁が調査したところ、図表2-9のように中小設備だけではなく、メガソーラ

図表2-9　定期報告における積み立て進捗状況報告（2019年1月末時点）

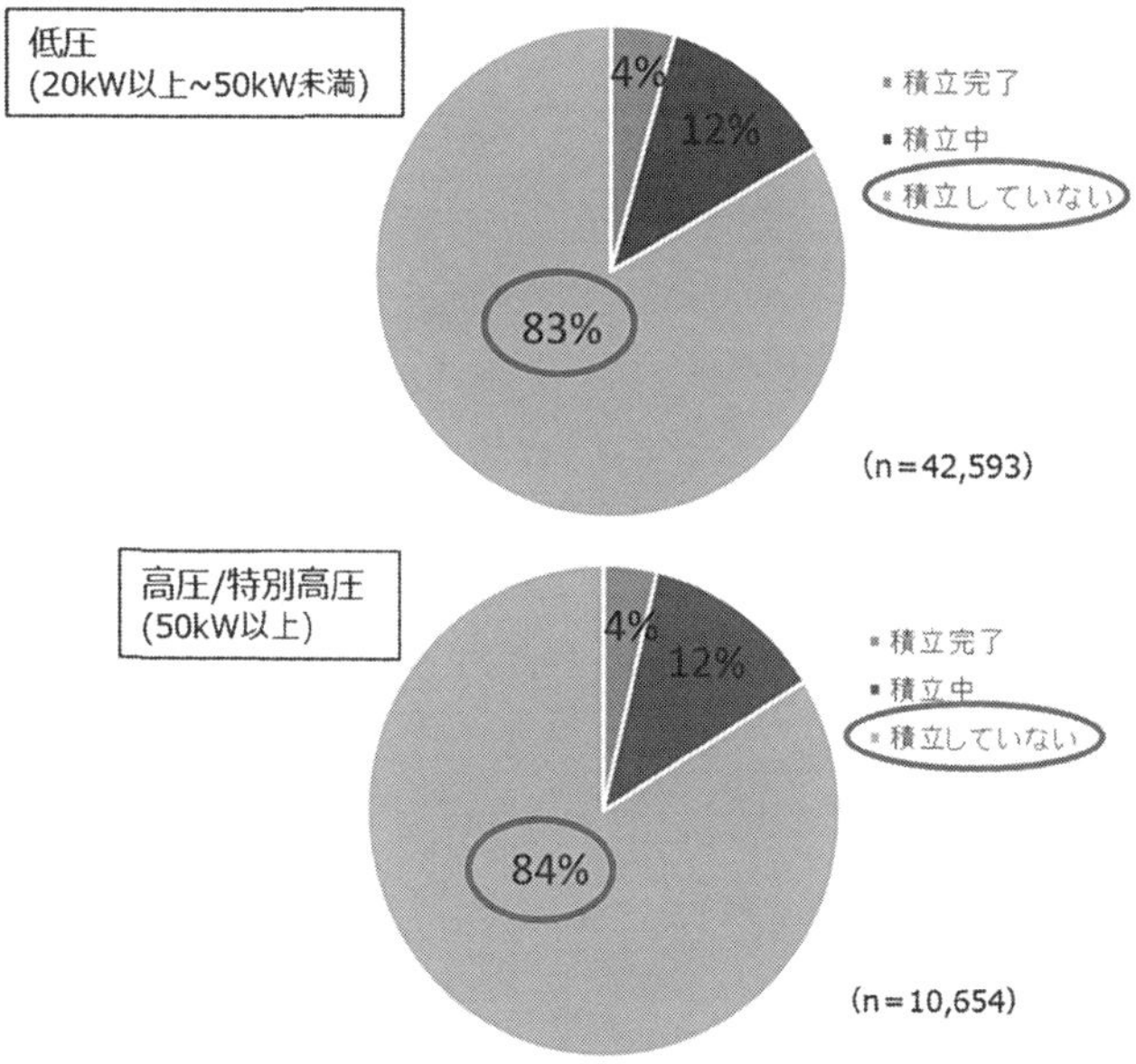
低圧
(20kW以上~50kW未満)
4%
12%
83%
積立完了
積立中
積立していない
(n=42,593)
高圧/特別高圧
(50kW以上)
4%
12%
84%
積立完了
積立中
積立していない
(n=10,654)

出所：経済産業省資源エネルギー庁「廃棄等費用積立ガイドライン」

も含めた大型設備も含めて、実際に廃棄費用を積み立てていた発電事業者は16％しかいないことがわかりました。

この状況が続くと、売電期間終了後の不法投棄や、適切に処理されない設備が増大する可能性が高くなるため、積み立てが義務化となりました。この積み立て費用は、毎月売電収入から差し引かれ、「推進機関」という積立金の管理を行う団体に収められます（図表2-10）。

積み立ての金額ですが、各設備の売電単価ごとに図表2-11のように決められています。

図表２-10　FIT認定事業における外部積み立てフロー

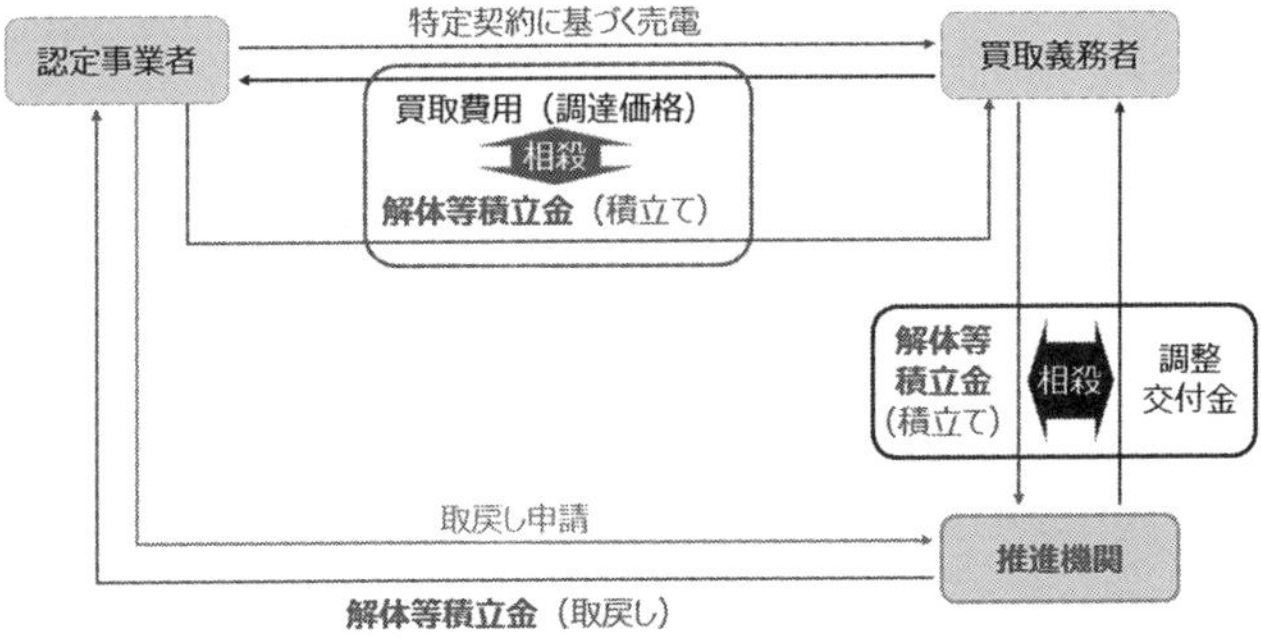

※ □ 内は、買取義務者が、認定事業者に対し、特定契約に基づく買取費用の額、解体等積立金の額及び相殺後の額（支払額）を通知して、支払額のみを支払う扱いとし、また、□ 内でも同様の扱いとすることにより、源泉徴収的な積立てを行う。

出所：経済産業省資源エネルギー庁「廃棄等費用積立ガイドライン」

図表２-11　解体などの積み立て基準額

認定年度※1		調達価格/基準価格※2	廃棄等費用想定額	想定設備利用率	自家消費比率	解体等積立基準額
2012年度		40円/kWh	1.70万円/kW	12.0%	–	1.62円/kWh
2013年度		36円/kWh	1.48万円/kW	12.0%	–	1.40円/kWh
2014年度		32円/kWh	1.46万円/kW	13.0%	–	1.28円/kWh
2015年度		29円/kWh 27円/kWh	1.54万円/kW	14.0%	–	1.25円/kWh
2016年度		24円/kWh	1.34万円/kW	14.0%	–	1.09円/kWh
2017年度	入札対象外	21円/kWh	1.31万円/kW	15.1%	–	0.99円/kWh
	第１回入札	落札者ごと	1.07万円/kW	15.1%	–	0.81円/kWh
2018年度	入札対象外	18円/kWh	1.19万円/kW	17.1%	–	0.80円/kWh
	第２回入札	（落札者なし）	–	–	–	–
	第３回入札	落札者ごと	0.94万円/kW	17.1%	–	0.63円/kWh
2019年度	入札対象外	14円/kWh	1.00万円/kW	17.2%	–	0.66円/kWh
	第４回入札	落札者ごと	0.82万円/kW	17.2%	–	0.54円/kWh
	第５回入札	落札者ごと	0.78万円/kW	17.2%	–	0.52円/kWh
2020年度	10kW以上50kW未満	13円/kWh	1.00万円/kW	17.2%	50%	1.33円/kWh
	50kW以上	12円/kWh	1.00万円/kW	17.2%	–	0.66円/kWh
2021年度	10kW以上50kW未満	12円/kWh	1.00万円/kW	17.2%	50%	1.33円/kWh
	50kW以上	11円/kWh	1.00万円/kW	17.2%	–	0.66円/kWh
2022年度	10kW以上50kW未満	11円/kWh	1.00万円/kW	17.2%	50%	1.33円/kWh
	50kW以上	10円/kWh	1.00万円/kW	17.2%	–	0.66円/kWh
2023年度	10kW以上50kW未満	10円/kWh	1.00万円/kW	17.2%	50%	1.33円/kWh
	50kW以上	9.5円/kWh	1.00万円/kW	17.7%	–	0.64円/kWh

※1　簡易的に認定年度を記載しているが、調達価格/基準価格の算定において想定されている廃棄等費用を積み立てるという観点から、実際には、適用される調達価格/基準価格に対応する解体等積立基準額が適用されることとする。
※2　参考として記載している調達価格については「＋消費税」を省略している。入札対象の調達価格/基準価格は落札者ごと。

出所：経済産業省資源エネルギー庁「廃棄等費用積立ガイドライン」

例えば、２０１３年度に認定された設備は、毎月発電した発電量に１キロワット時あたり１・40円が積み立てに回ることになります。50キロワットの標準的な設備で、設備の条件によって大きく変わりますが、年間の発電量が５万５０００キロワット時で売電収益が約２００万円前後となりますので、年間の積み立て金額は、７・７万円という計算になります。売電単価ごとに多少変わりますが、概ね年間収益の４～６％程度が積み立てに回ることになり、発電事業者にとっては大きな変更となっています。また、実際に、この積み立てた金額で実際の撤去費用を捻出できるのかについては、現状の太陽光パネルの廃棄相場から考えても厳しい状況です。このあたりは、今後の廃棄・処分の相場が下がっていくことを想定しているものと思われます。

②事業終了時後は、廃棄物処理法などの関連法令を遵守し撤去・処分を行う

一般的に撤去・処分が発生するのは、10キロワット未満の住宅用で運転開始から11年目以降、10キロワット以上の事業用の設備で21年目以降になりますので、事業者は、だいぶ先のことと して捉える傾向があります。しかし、実際に撤去・処分が発生するタイミングは、これより前になる場合もあります。例えば、認定を受けている設備の容量と、実際の設備の容量が違っている場合などです。申請せずに意図的に太陽光パネルの枚数を増やしている場合もあれば、気づかずにそのままの状態で運用し、事情により設備を売却する際に発覚するケースもあります。特にFIT制度開始初期のころの規制が厳しくなかった設備などで見られます。ほかには、設備の増設が中止され、増設予定の太陽光パネルが接続されていないまま取り付けられている設備もあり、そのような設備は、売電期間終了を待たずに太陽光パネルを撤去する可能性があります。

大半の設備は、売電期間終了後に実際の撤去・処分が発生しますが、発生した場合は、ガイドラインに記載されているように、廃棄物処理法における規定を守る必要があります。老朽化した設備を放置することで、火災や太陽光パネルの飛散、土砂の流出などの安全面で問題を起こす可能性があるので、速やかに撤去・処分することが求められています。

ここまで、改正FIT法における事業計画策定ガイドラインの主な内容について紹介しましたが、遵守が求められる項目に違反した場合は、国が認定した基準に適合しないとみなされ、指導、改善命令の措置が取られます。それでも改善が見られない場合は、認定取り消し、つまり、売電停止の可能性について注意喚起されていますので、発電事業者は、本ガイドラインをよく理解し、設備が適合しているかどうかを確認していくことが求められるようになりました。

実際、2017年の改正FIT法施行以降、フェンスや標識、危険を知らせる看板を新たに設置し、定期メンテナンスを実施する設備が急増しました。これにより、設備の不具合の発見が早まり、適切に運用される設備が増えてきた印象です。太陽光発電事業者は、法制度の変更情報を早く正確に把握していくことが今後も求められます。

改正FIT法以降の政府の動き

続いて、2017年のFIT法改正以降の、経済産業省資源エネルギー庁を中心とした政府の動きや通達の内容についてみていきましょう。ここでは、本書のテーマである廃棄処分に関わる項目について取り上げていきます。

1．2018年7月31日、廃棄費用（撤去及び処分費用）に関する報告義務化

運転を開始した設備は、設置に要した費用の報告（設置費用報告）と年間の運転に要した費用の報告（運転費用報告）を経済産業大臣宛に行うことが義務づけられています。実際には、報告が義務であることを知らない事業者も多く、現時点では、未実施の割合も多い状況です。この運転費用報告の中で、廃棄費用や、その積立額を記載することが義務づけられました。報告の際に事業計画認定で算定した撤去・処分費の積み立ての進捗を記載し、これまでの累計の積立額の記載も必要になりました。

2．2018年12月、「太陽光発電設備のリサイクル等の推進に向けたガイドライン」第二版の策定

２０１６年に策定された第一版の内容に加え、災害対応などを踏まえて内容の見直しが行われました。この環境省のガイドラインは、今後、太陽光パネルの適切なリサイクルを考えるうえで参考にすべき内容となっていますので、詳細を確認することをお勧めします。本書では、第４章でガイドラインの内容を詳しく取り上げていきます。

3．2020年4月、損害保険への加入の努力義務化及び環境省による「太陽光発電の環境配慮ガイドライン」の策定

損害保険の加入については、これまで任意で発電事業者が加入、販売店やメーカーが保険を付帯しているケースもありました。比較的大規模な設備では、地震保険や火災保険などへの加入率が高いのに対し、50キロワット未満の低圧設備においては、加入率が低いことが報告されており、今回の改定により、損害保険への加入が努力義務として明記されました。これにより、豪雪、強風、落雷などの自然災害が起きた際に、放置されることなく速やかに設備の復旧を行うことができるようになるので、放置設備が減り、それに伴い損壊した設備の撤去と処分が進むでしょう。

加えて、「太陽光発電の環境配慮ガイドライン」が策定されました（図表2-12）。改正ＦＩ

図表2-12　太陽光発電に係る環境配慮における検討項目

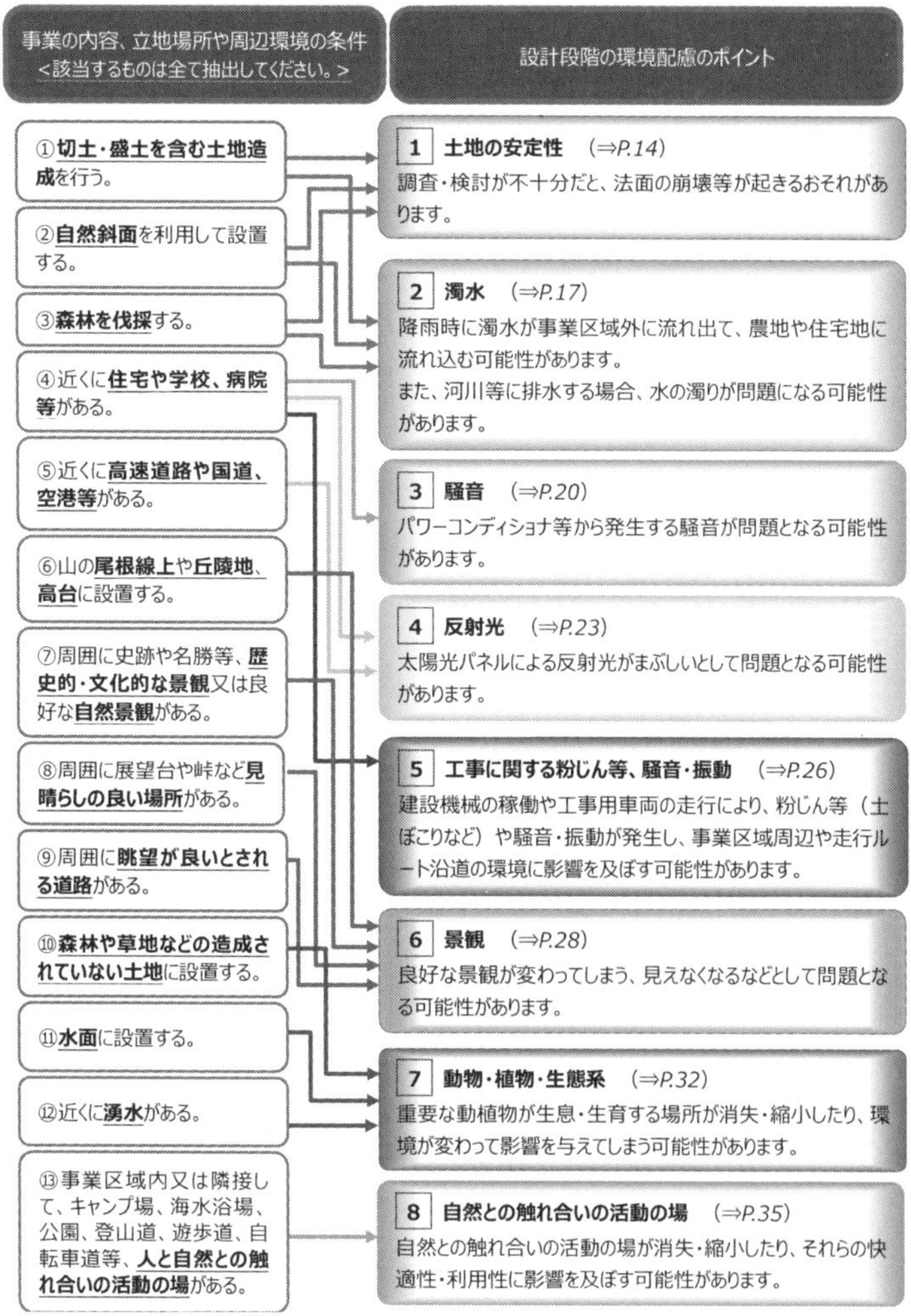
事業の内容、立地場所や周辺環境の条件
<該当するものは全て抽出してください。>
設計段階の環境配慮のポイント
①**切土・盛土を含む土地造成**を行う。
②**自然斜面**を利用して設置する。
③**森林を伐採**する。
④近くに**住宅や学校、病院等**がある。
⑤近くに**高速道路や国道、空港等**がある。
⑥山の**尾根線上**や**丘陵地**、**高台**に設置する。
⑦周囲に史跡や名勝等、**歴史的・文化的な景観**又は良好な**自然景観**がある。
⑧周囲に展望台や峠など**見晴らしの良い場所**がある。
⑨周囲に**眺望が良いとされる道路**がある。
⑩**森林や草地などの造成されていない土地**に設置する。
⑪**水面**に設置する。
⑫近くに**湧水**がある。
⑬事業区域内又は隣接して、キャンプ場、海水浴場、公園、登山道、遊歩道、自転車道等、**人と自然との触れ合いの活動の場**がある。
1 **土地の安定性**　(⇒P.14)
調査・検討が不十分だと、法面の崩壊等が起きるおそれがあります。
2 **濁水**　(⇒P.17)
降雨時に濁水が事業区域外に流れ出て、農地や住宅地に流れ込む可能性があります。
また、河川等に排水する場合、水の濁りが問題になる可能性があります。
3 **騒音**　(⇒P.20)
パワーコンディショナ等から発生する騒音が問題となる可能性があります。
4 **反射光**　(⇒P.23)
太陽光パネルによる反射光がまぶしいとして問題となる可能性があります。
5 **工事に関する粉じん等、騒音・振動**　(⇒P.26)
建設機械の稼働や工事用車両の走行により、粉じん等（土ぼこりなど）や騒音・振動が発生し、事業区域周辺や走行ルート沿道の環境に影響を及ぼす可能性があります。
6 **景観**　(⇒P.28)
良好な景観が変わってしまう、見えなくなるなどとして問題となる可能性があります。
7 **動物・植物・生態系**　(⇒P.32)
重要な動植物が生息・生育する場所が消失・縮小したり、環境が変わって影響を与えてしまう可能性があります。
8 **自然との触れ合いの活動の場**　(⇒P.35)
自然との触れ合いの活動の場が消失・縮小したり、それらの快適性・利用性に影響を及ぼす可能性があります。

出所：経済産業省資源エネルギー庁「太陽光発電の環境配慮ガイドライン」

T法でも地域への配慮や協調について求められていましたが、本ガイドラインでも同様に、自治体や地域の住民との適切なコミュニケーションを図ることが求められるようになっています。ガイドラインのチェックシートも作成され、より運用しやすい体制になっています。撤去・廃棄についても同様に地域への配慮が必要になってくるでしょう。

4．2020年2月、2022年7月までに廃棄費用を源泉徴収的に差引し、外部機関に積み立てることを義務づける閣議決定

廃棄で最も大きな変更点というのが、廃棄費用の積み立て義務化です。売電期間11年目から廃棄費用を源泉徴収的に差し引いて外部機関に積み立てるという内容で、２０２０年2月に閣議決定されました。

5．2021年4月、改正電気事業法施行

改正ＦＩＴ法の非常時の対応でも触れましたが、電気事業法が改正され、事故報告の義務化の対象範囲が10キロワット以上50キロワット未満の低圧設備に広がりました。この制度改正の背景にあるのは、そもそも全国の低圧設備の数が全体の9割以上を占めており、管理されていない設備が無数にあることが挙げられます。全国に68万件あるうちの60万件以上が該当の低圧

図表2-13　報告すべき事故（4項目）

1 感電
感電事故とは、感電によって人が死亡もしくは入院した場合の事故です。
2 電気火災
電気火災事故とは、風車ナセルや太陽光パネルなどの設備が原因で発生した火災が該当します。
3 他者への損害
太陽光パネルや架台、風車ブレードなどの破損により、他者へ損傷を与えた事故。例えば、太陽光パネルの飛散や敷地内の土砂崩れによる土砂流出など、他者へ損傷を与えた場合が該当します。
4 設備の破損
設備の破損により運転が停止する事故。例えば、風車タワーの倒壊や風車ブレードの折損、太陽光パネルの破損パワーコンディショナーの焼損などが該当します。

出所：経済産業省資源エネルギー庁「事故報告制度について」

設備となります。これらの設備が自然災害などにより、隣地や近隣に被害をもたらし、そのまま放置されている事案も多く見られました。経済産業省では、このような事故を防ぐことが必要であり、事故原因の究明と再発防止対策を取るため、事故情報を収集する目的で改正を行いました。報告が必要な事故については、経済産業省資源エネルギー庁の資料（図表2-13）に解説が加えられていますが、本書でもポイントを紹介します。

①感電などによる死傷、傷害事故

死亡した場合だけではなく、入院した場合も含まれます。例えば、感電事故や草刈り時の機械の誤操作などによる事故、屋根上の点検時の滑落など、ひとつ間違うと、誰でも起こり得る問題として、事業者もメンテナンス実施者も十分に気をつける必要があります。

②太陽光パネルやケーブルなどが原因で発生した火災

電気火災事故とは、太陽光パネルなど設備が原因で火災が発生する事故のことです。これらの火災により、建物や車両、山林などに火災を起こさせた場合は、速やかに報告しなければなりません。太陽光パネルやケーブルの焦げつきというのはよくある不具合ですし、近くに燃えやすいものが置かれている場合、火災につながる可能性がありますので、十分に注意が必要です。

③太陽光発電設備の破損などにより、他者に損害を与える事故

太陽光パネルが強風などで敷地外に飛散した場合や、敷地内の土砂崩れなどにより道路が通行止めになる、交通の阻害になるような場合は、事故報告の対象になります。太陽光パネルが1枚飛ばされたというような比較的損害も少ないと思われるケースでも、敷地の外へ飛ばされ

た場合は、この事故にあたり、報告が必要となる場合がありますので注意が必要です。台風、大雪、豪雨、地震など、発電事業者が直接的な原因ではない場合でも、事故の報告は行う必要があります。このような事故は、特に土地に設置した太陽光発電設備であれば起こり得る可能性もありますので、日ごろから定期的なメンテナンスや巡回、異常を感知するための監視装置や防犯カメラなどの設置が必要となってきています。

④太陽光発電設備の破損・損傷事故

太陽光発電設備の破損に伴い、機能低下、運転停止になるような場合は、報告が必要です。一例としては、太陽光パネルの半壊（20％以上の破損）や、支えている金具、基礎の損壊などが該当します。また、10キロボルトアンペア以上の「パワーコンディショナ（以下、パワコン）」といわれる直流の電気を交流に切り替える装置の故障も対象になりますので、あらかじめ事業者が報告しなければならないのはどういうときかを、確認しておく必要があります。

図表2-13の4つの報告内容のうち、③と④については、起こる可能性が比較的高い事故といえるでしょう。報告の対象になるかどうかについては、判断が難しい場合もありますが、義務化によって事業者は、メンテナンスや発電監視などをしっかりと行う必要が出てきています。

次に、報告方法について記載します。事故を知ってから24時間以内に事故の概要を速報とし

図表2-14　事故報告のフロー

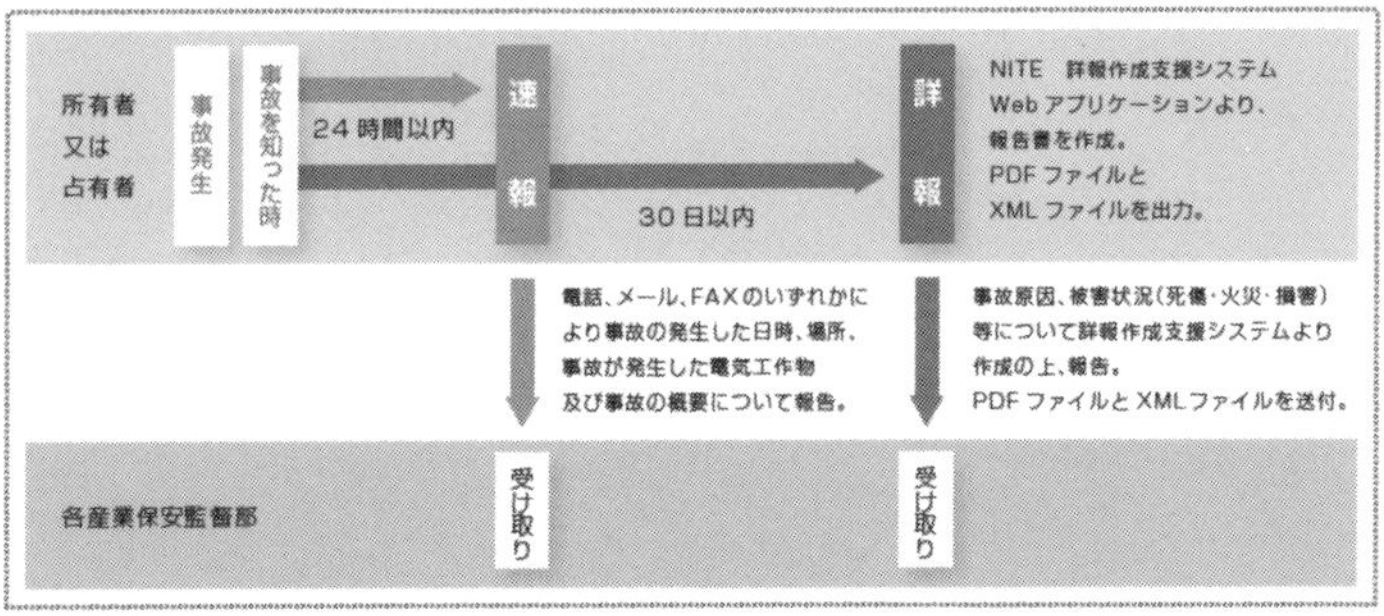

出所：経済産業省資源エネルギー庁「事故報告制度について」

て各地域の産業保安監督部に報告する必要があります。その後30日以内に、インターネット上の詳報作成支援システムを利用して報告書を作成し、メールに添付して報告します（図表2-14）。より詳しく知りたい方は、製品評価技術基盤機構（NITE）の詳報作成支援システムを確認してください。

　低圧設備の事故報告の義務化によって、事故を発見するための発電監視や、定期点検などが多くの設備で行われ、事故発見後の復旧についても、これまでより速やかに行われるようになってきました。これまで発見されなかった事故や故障が発見され、それに伴って復旧も速やかに行われます。発電事業者にとっては、太陽光パネルや設備の廃棄処分がより現実的になってきています。

第3章

太陽光パネルのさまざまな不具合

第2章では、太陽光発電の市場動向について紹介しました。太陽光発電設備の数が2012年以降急増していることで、維持管理や廃棄処分の問題が徐々に顕在化してきています。

本章では、太陽光発電設備の現場で起こっていることについて詳しく紹介していきます。全国で68万件ある発電設備の現場がどのような状況になっているのかを理解することで、今後発生する撤去・廃棄・リサイクルの動向をある程度予想できるでしょう。

太陽光発電設備の構成について

最初に太陽光発電設備のシステム構成について簡単に説明します。

図表3-1は、建物の屋根に設置されている高圧設備の例です。そのほかにも土地に設置されている場合や、工場の屋根に設置されている場合など設置場所はさまざまですが、基本的な構成は同じです。電気の経路に沿って説明します。

太陽電池モジュール（以下、太陽光パネル）で太陽の光を受け直流の電気が発生します。太陽光パネルが何枚も直列に接続され、この直列につながった配線（ストリング）が、複数本接続箱というボックスに入ります。接続箱は、主に複数の配線をひとつにまとめる役割を担っています。そのほか、点検時に使用する開閉器や避雷素子、逆流を防止するダイオードなどを

図表3-1　太陽光発電設備のシステム構成例

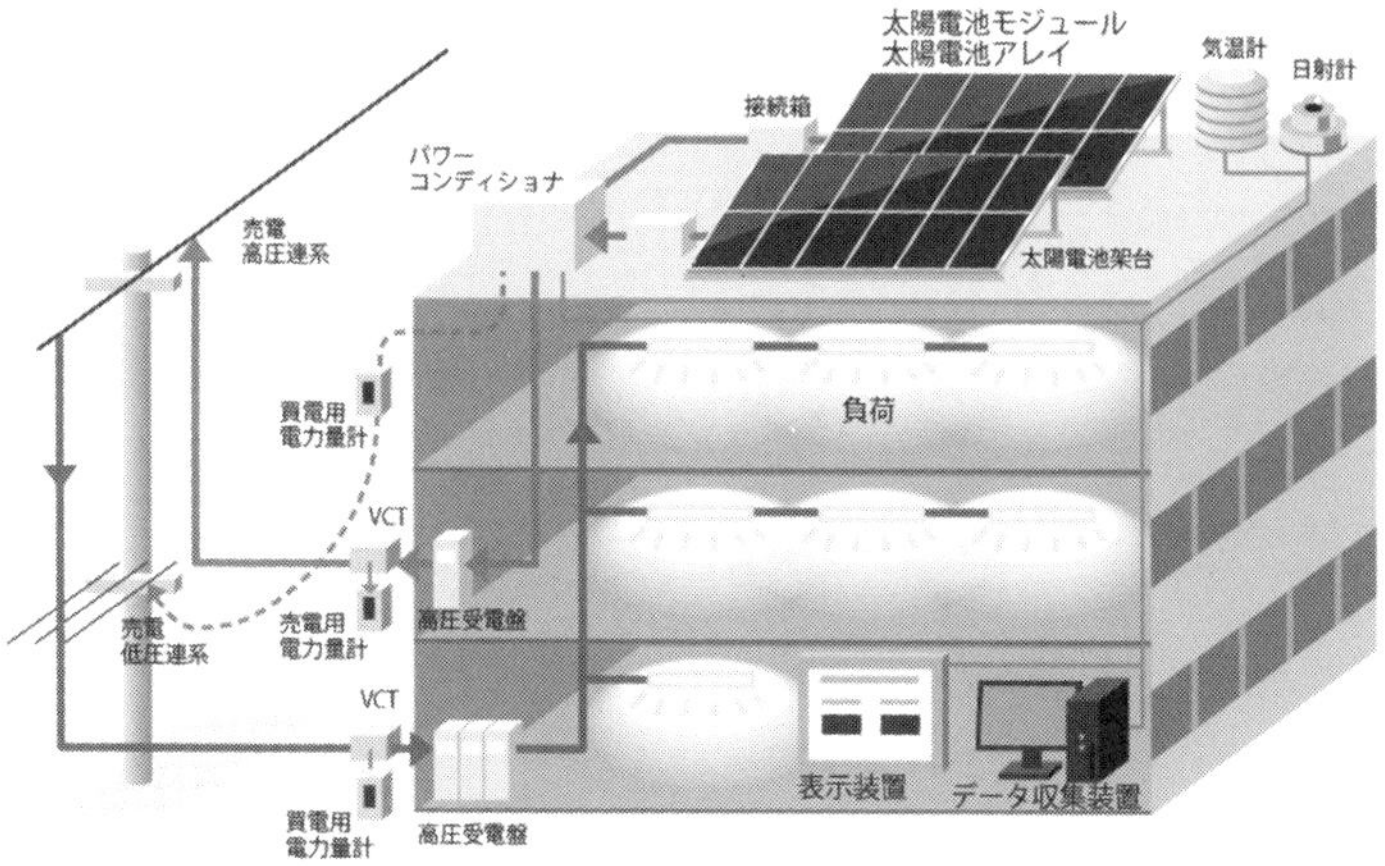

出所：太陽光発電協会（JPEA）「産業用太陽光発電システムとは」

内蔵しており、低圧設備においては、パワーコンディショナ（ＰＣＳ）と一体になっているケースがほとんどです。接続箱でひとつにまとめられた配線は、ＰＣＳという直流電流を交流電流に変換する装置に入ります（ＰＣＳもさまざまな機能がありますが、詳細は省略します）。高圧設備であれば、ＰＣＳからキュービクル式受変電設備に送られ、低圧設備であれば、交流集電箱という複数のＰＣＳから出た配線をまとめるボックスを経由して、売電用の電力計を通り、系統側と接続しています。

図表3-2　太陽光パネルに発生する不具合の事例（4分類）

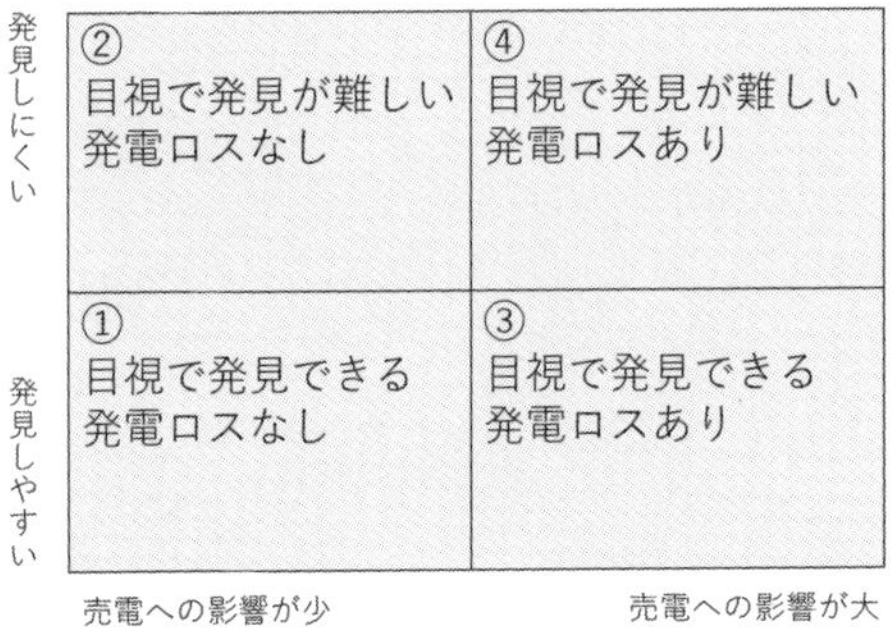
発見しにくい
発見しやすい
②
目視で発見が難しい
発電ロスなし
④
目視で発見が難しい
発電ロスあり
①
目視で発見できる
発電ロスなし
③
目視で発見できる
発電ロスあり
売電への影響が少
売電への影響が大

出所：環境エネルギー循環センター

現場で起こっている不具合の事例

本章のテーマは、「太陽光発電設備の現場で何が起こっているか」ですが、説明した各構成機器でさまざまな不具合が起こっています。「廃棄処分に回るのはどのようなケースか」についても解説していきます。

現場で起こっている不具合の事例を大きく分けると、4つに分けることができます（図表3-2）。

4つに分ける軸の1点目は、目視確認することで発見できる不具合と、専用の測定器を使用しなければ発見できない不具合とに分けることができます。実際のところ、メンテナンスを行う業者のスキルや専用の計測機器を保有しているかどうかで、発見できる不具合は変わってきます。

もう1点は、発電ロスが発生するかどうかに分けることができます。発電ロスにも大小がありますので、大きいものほど売電への影響が大きく、より早い復旧が求められま

図表３−３　取り付け金具／ボルトの緩みや変形

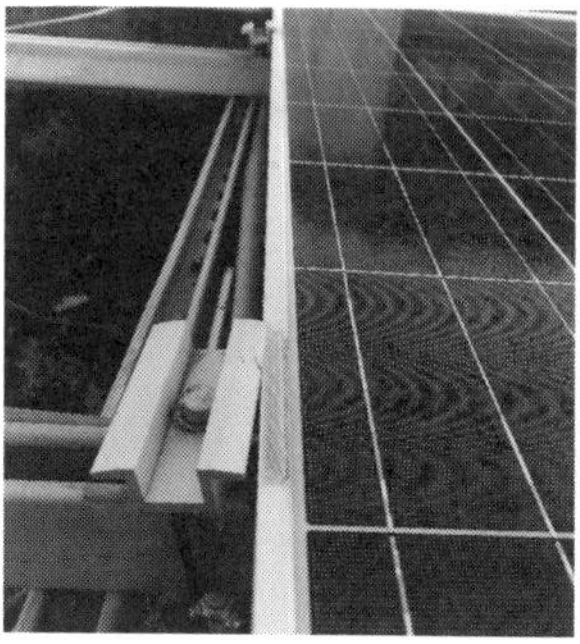

出所：環境エネルギー循環センター

す。したがって、交換工事も発生しやすくなるため、不具合部材の廃棄処分が発生することになります。

図表3−2の中の4つのカテゴリごとに主な不具合や故障、損壊の事例を紹介していきます。

1．目視で発見でき発電ロスもない不具合の事例

発見しやすいですが、発電ロスもないため、すぐに交換にならないケースがほとんどです。しかしながら、放置することで、ロスが発生する不具合もありますので、発電事業者及びメンテナンス業者がしっかりと経過観察する必要があります。

このような不具合の事例としては、以下のようなものが挙げられます。

①取り付け金具／ボルトの緩み

取り付けている金具や架台のボルトが緩でいる、変形し

ている不具合です（図表3-3）。非常によく発生する不具合です。増し締め対応や金具を交換するケースもありますが、発電ロスがないため、放置されている場合も多く存在します。ただし、放置したままだと太陽光パネルの飛散などにつながり、その結果、交換廃棄処分が必要になってきます。適切なメンテナンスが行われていない設備では、太陽光パネルが飛散するリスクが年々大きくなっていきます。

図表3-4　配線関係の弛み

出所：環境エネルギー循環センター

②配線関係の弛み

太陽光パネルから出ている配線の結束バンドが切れ、垂れ下がっているような不具合です（図表3-4）。こちらも設置されているほとんどの設備で起こる不具合です。結束バンドにも寿命があるので、定期的な確認と交換が必要です。この不具合もロスなくすぐに対応する必要はありませんが、強風などにより、太陽光パネルの裏側の「バックシート」と呼ばれる、軟らかい部分を傷つけることで太陽光パネルの不具合につながる可能性もありますので、こまめな修繕が必要です。

③スネイルトレイル

図表3-5だと少しわかりづらいですが、太陽光パネルを構成する太陽電池セルにクラックが入る不具合です。発電ロスが発生するケースは稀ですので、基本的には経過観察となります。しかしながら、放置すると太陽光パネルの電気の流れを阻害して、焦げつきや火災が発生するリスクもあり、メンテナンス時に経過観察をする必要があります。太陽光パネル交換予備軍といってよいでしょう。このあたりの不具合は、メンテナンス業者によっては見逃す場合も多いため、メンテナンス業者のスキルも重要になってきます。この不具合も比較的多く見られる不具合で、1枚発見すると同じ設備で複数枚見つかる傾向があります。

そのほか、フェンスの倒壊や金具の錆などの不具合も比較的多くなっています。

図表3-5　スネイルトレイル

出所：環境エネルギー循環センター

2. 目視で発見が難しいが発電ロスがない不具合の事例

①ホットスポット現象

ホットスポット現象は、太陽光パネルを構成する太陽電池セルが何らかの要因で発電を阻害され、電気が流れにくくなることで抵抗が大きくなり、発熱してしまう現象です。図表3-6のとおり、見た目は、通常の太陽光パネルと変わりませんので見つけることは難しく、赤外線サーモグラフィで発見することができます。しかしながら、セルの部分が高温になるだけで発電ロスは起きないため、経過観察になることがほとんどです。ただ、ホットスポットを放置すると太陽光パネルの焦げつきなどの不具合につながりますので、メンテナンスで経過を観察する必要があります。これも交換予備軍といえるでしょう。

図表3-6　ホットスポット現象

出所：環境エネルギー循環センター

②絶縁抵抗低下又は絶縁不良

一言でいうと漏電です。電気が漏れている状態ということになります。ケーブルのコネクタの接続不良や、ケーブルに穴や傷がついている場合、太陽光パネルの不良の場合など、いくつかの要因が考えられます。絶縁不良は、断線しているわけではありませんので、発電ロスはありません。目視確認で傷や不良を探し出すことはかなり難しくなります。太陽光パネル専用の絶縁抵抗測定器を使用し、少しずつ対象を絞りながら発見します。この不具合は、設備の安全運転にも関わりますので、発電ロスがなかったとしても、早急に場所の調査、原因特定が必要になります。ケーブルの交換や太陽光パネル交換を行うケースが多く、太陽光パネルは、そのまま廃棄に回ります。運転開始からある程度の年月を過ぎると比較的増えてくる不具合のひとつです。

3. 目視で発見可能で発電ロスが発生する不具合の事例

発電ロスの大小に応じてさまざまな不具合があります。

①太陽光パネルのひび割れ

図表3-7のように、明らかに表面のガラスが割れていますので、目視確認で簡単に見つかります。ひび割れにはいくつか要因があります。一番多いのは、カラスが

図表3-7　太陽光パネルのひび割れ

出所：環境エネルギー循環センター

いたずらして上から石を落とすものです。それ以外にも、ゴルフボールや野球ボールなどの落下物により放射線状にひび割れる不具合があります。あるいは、前述のホットスポットを放置することで、ひび割れを起こしたりするケースもあり、頻繁に発生する不具合となります。

当然、発電ロスは発生しますが、割れても発電はしており、全体でみるとロスは小さくなります。小さいとはいえ発電量が下がるのと、水が入り込むリスクもあるので、基本的には損害保険を使い、交換対応になります。

図表3-8　太陽光パネルの汚れ

出所：環境エネルギー循環センター

②太陽光パネルの汚れ

続いて、太陽光パネルの汚れです（図表3-8）。これも非常に多く発生します。特に建物の上で屋根の傾斜が緩い工場などに設置されている太陽光パネルは、汚れが付きやすくなります。10～15％程度の発電低下がみられる設備は多数あり、中には50％以上低下しているケースもあります。洗浄すると汚れが落ちて発電が回復します。汚れを放置すると、ホットスポットからひび割れになるケースもあります。加えて、放置することで汚れが固着し、洗浄しても回復しないケースも出てきています。そのような場合は、太陽光パネルを交換することになります。

③ケーブルの断線

太陽光パネルの裏側の「ジャンクションボックス」という箱から出ているプラスとマイナスのケーブルが断線する不具合です（図表3-9）。コネクタ部分の接続不良で起きる場合や、動物がかじる場合など要因はいくつかあります。

図表3-9　ケーブルの断線

出所：環境エネルギー循環センター

目視点検で確認できる場合が多いですが、見逃す可能性もあります。メンテナンス会社が日常的に行う、電圧電流特性曲線（I-Vカーブ）測定や、開放電圧の測定で確実に発見できます。このI-Vカーブ測定も、開放電圧の測定も設備が発電をしているかどうかを確認するために実施する電気計測で、専用機器が必要になります。ロスの度合いとしては、直列につながった複数の太陽光パネルの発電が止まるので、ひび割れよりも影響が大きく、早い復旧が望まれます。ケーブルのコネクタだけ交換する場合、太陽光パネルをまるまる変えてしまう場合があります。不具合の頻度としてはそこまで多くありません。

④自然災害による大規模倒壊

自然災害による大規模な損傷です。不具合というより事故に近いでしょう。被害事例として多いのは、雪による倒壊（図表3-10）、台風による飛散や隣地の木の倒壊による破損（図表3-11）、土砂災害による設備損壊が挙げられます。特に雪害や土砂災害は、大規模に倒壊するケースが多く、太陽光パネルも大量に廃棄に回ることになります。設置されているエリアで起こりやすい自然災害を把握し、廃棄・処分する場合について、あらかじめ確認しておくことが重要です。

図表3-10　雪による倒壊

出所：環境エネルギー循環センター

発電ロスが見られる不具合は、交換対応になるケースがほとんどですので、発電事業者は、太陽光パネルの廃棄は身近に存在する問題として捉えることが必要です。

図表3-11　台風による飛散／隣地の木の倒壊による破損

出所：環境エネルギー循環センター

4．目視で発見が難しくかつ発電ロスも発生する不具合の事例

目視で発見が難しいため、専門性の高いメンテナンス業者による点検や調査が必要です。

①クラスタ故障

太陽光パネルの不具合になります。「クラスタ」というのはまとまりという意味合いで、一般的な太陽光パネルでは、1枚に3つのまとまり（クラスタ）が存在しています。そのうちの1つもしくは2つで何らかの故障が発生する事象を「クラスタ故障」といいます（図表3-12）。外見上の異常はまったくありませんので、目視で見つけることはできません。各計測器メーカーが出しているI-Vカーブ測定器や、アイテス社が出している「ソラメンテZ」という機器を使用し、クラスタ故障を発見します。その後、各回路のどの太陽光パネルで起きているか専用機器を使用し特定していくという流れになります。ある程度のスキルを持ったメンテナンス会社による点検や調査が必要です。

発電ロスは当然発生します。1枚の場合は、売電収益に与える影響は大きくはありませんが、

図表3-12　クラスタ故障のイメージ

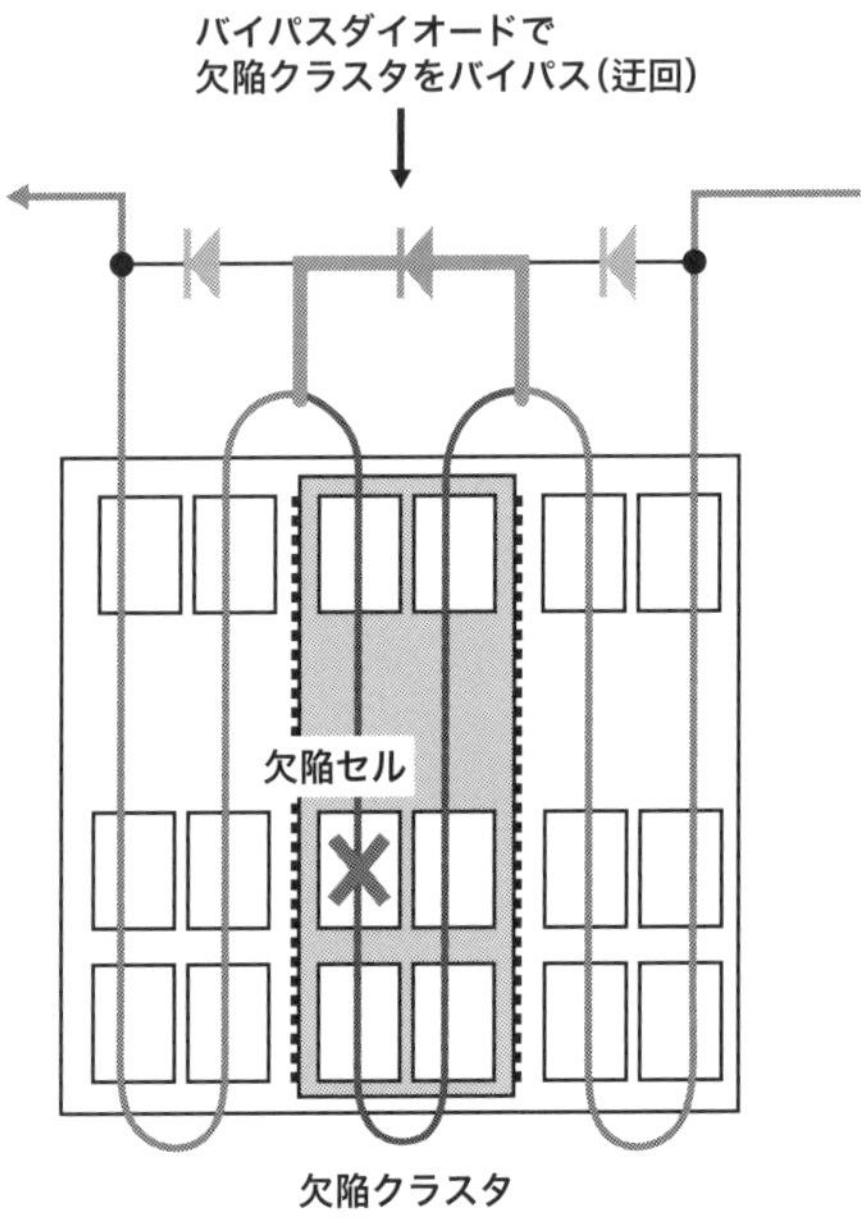
バイパスダイオードで
欠陥クラスタをバイパス（迂回）
欠陥セル
欠陥クラスタ

出所：NTTレンタル・エンジニアリング

1つの回路で複数のクラスタ故障が起こる場合、ストリング（回路）全体の発電量も故障箇所以上に低下することが報告されています。その理由からできるだけ早い交換が必要になります。今回紹介する不具合の中では、一番知られていない不具合であり、かつ無数に存在する不具合です。今後の太陽光パネルの廃棄の中でもかなりの割合を占めてくると想定しています。発電事業者は、専門性の高いメンテナンス会社と協力して、日ごろから注意していく必要があります。

②屋根上設置の場合の断線

地上設置における断線は、目視でも発見が可能な不具合となっていますが、屋根上に設置さ

図表3-13　屋根上設置の場合の断線

出所：環境エネルギー循環センター

れている場合、太陽光パネルの裏を見ることができないため、I-Vカーブ測定器などの専用機器を使って発見していきます（図表3-13）。前述の断線でも説明したように、発電ロスは、太陽光パネル複数枚分に及びますので、調査・交換になります。太陽光パネルの廃棄が発生する可能性が高い不具合で、月日の経過とともに徐々に増えていくでしょう。

③落雷による太陽光パネル不良

よく起こる自然災害のひとつに落雷があります。雷が太陽光パネルなどに直撃した場合は、焦げつきがあるので目視で発見することができます。しかしながら、見た目上は不具合がなくても、調べていくと落雷の影響で太陽光パネルが発電していないケースが非常に多く存在します。I-Vカーブ測定器や絶縁抵抗測定器などを使用し、1枚ずつ発電性能が落ちていないかを確認する必要があります。図表3-14のように太陽光パネルに雷が直撃するようなケースは稀ですが、この場合、直撃していない太陽光パネルでも電気的につながっている太陽光パネルは、故障している

図表３–14　落雷による太陽光パネル不良

出所：環境エネルギー循環センター

可能性があります。不具合の特定には、ある程度専門性を持ったメンテナンス会社の調査が必要です。落雷の場合は、被害が広範囲にわたっている場合もあり、大量廃棄の可能性も出てきます。

事業終了前にやってくる大量廃棄時代

現場では、太陽光パネルの廃棄につながるようなさまざまな不具合が発生しています。しかし、そのすべてが把握されているわけではなく、未発見や放置されている故障太陽光パネルも未だ多く存在します。現場の状況を踏まえると、今後ＦＩＴ制度による事業終了を待たずに太陽光パネルの大量廃棄時代がやってくると予想しています。そこに至るまでのステップを紹介していきます。

1．メンテナンス実施率の上昇及びメンテナンス業者の増加

２０１７年の改正ＦＩＴ法をきっかけに全国68万件のＦＩＴ制度対象案件でメンテナンスを

実施する設備が急増しました。それに伴い、さまざまな不具合が発見され、交換や修繕工事などの対策が打たれるようになってきています。発電設備のメンテナンス実施率については、特に公表数値はありませんが、いくつかの団体に確認したところ3〜4割程度ではないかと思われます。今後、メンテナンスの実施率が上昇し、メンテナンス会社も増加してくことで、これまで放置されていた不具合や故障が見つかるケースが増えてくるでしょう。

2．技術力のあるメンテナンス業者の登場

クラスタ故障や断線、ホットスポットなどの専用機器を必要とする不具合は、無数にあります。メンテナンス会社のスキルが向上、より高度な計測機器が登場、ドローン（無人航空機）などを活用した新たな点検方法の確立が進むと、これまで発見されなかった不具合が発見され、廃棄につながるケースが増えるでしょう。

3．経年による故障の増加、自然災害による大量廃棄の増加

２０１２年にＦＩＴ制度が始まり、初期の太陽光発電設備は設置から10年が経過しました。経年による故障率は年々高まっており、設備の老朽化に伴う故障数の増加が予想されます。発電設備の数自体は現在も増加しているので、太陽光パネルの廃棄量は、年々増加していくと予

想されます。加えて、自然災害による大量廃棄は、今後も定期的に起こるのは間違いありません。

廃棄先が見つからずに設備に残置されている太陽光パネルもまだまだ多い状況ですが、第4章でも紹介する適正なリサイクル設備が全国で増加することで、廃棄に回るケースも増えてくるでしょう。

第4章

太陽光パネルの適切な処分はどのように行っていくべきか

第3章では、太陽光発電設備の現場で起こっている不具合について紹介しました。本章では、不具合によって出た廃棄太陽光パネルの適切な処分について説明していきます。

太陽光パネルの廃棄責任は誰に？

前提として「適切な処分について考えていかなければならないのは誰か？」ということを確認しましょう。改正ＦＩＴ法の中の事業計画策定ガイドラインには以下のように記載されています。

本ガイドラインに記載する事項については、すべて再生可能エネルギー発電事業者の責任において実行すべきものである。

ガイドラインの文言から適切な撤去・廃棄処分については、発電事業者が責任をもって主体的に情報収集し、考えていかなければいけないことがわかります。発電事業者の知識レベルはさまざまです。特に50キロワット未満の低圧設備では、２０００万円程度の初期投資で太陽光発電設備を購入できる理由から、そこまで知識のない個人、法人、投資会社などが、太陽光発電設備を運用しているケースが多く存在します。対象となる方々には、ぜひ本書も含めて積極的に情報収集していくことをお勧めします。

図表4-1　太陽光パネル廃棄にかかるパネル枚数換算（試算結果）

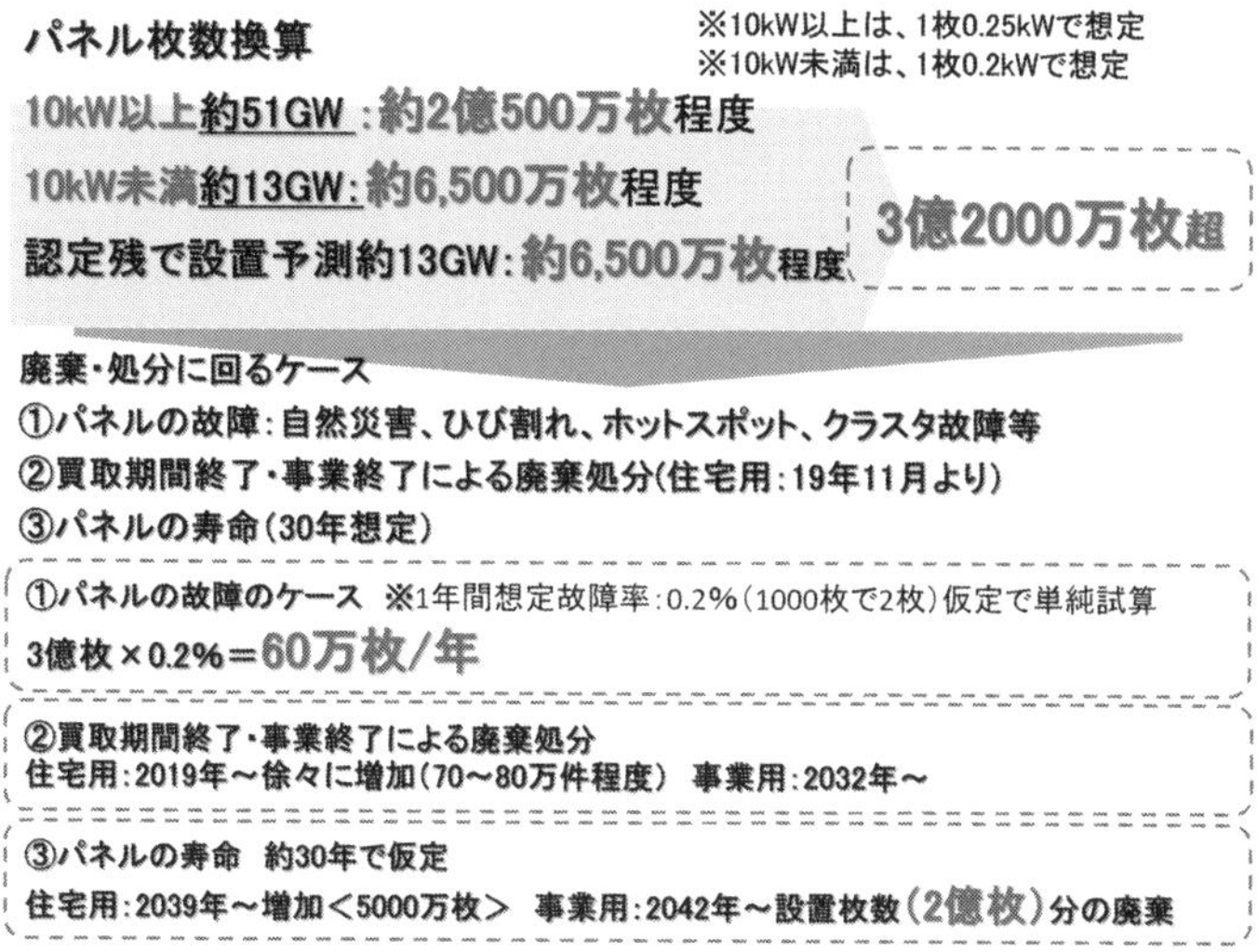
パネル枚数換算
※10kW以上は、1枚0.25kWで想定
※10kW未満は、1枚0.2kWで想定
10kW以上約51GW：約2億500万枚程度
10kW未満約13GW：約6,500万枚程度
認定残で設置予測約13GW：約6,500万枚程度
3億2000万枚超
廃棄・処分に回るケース
①パネルの故障：自然災害、ひび割れ、ホットスポット、クラスタ故障等
②買取期間終了・事業終了による廃棄処分(住宅用：19年11月より)
③パネルの寿命（30年想定）
①パネルの故障のケース　※1年間想定故障率：0.2%（1000枚で2枚）仮定で単純試算
3億枚×0.2%＝60万枚/年
②買取期間終了・事業終了による廃棄処分
住宅用：2019年～徐々に増加（70～80万件程度）　事業用：2032年～
③パネルの寿命　約30年で仮定
住宅用：2039年～増加＜5000万枚＞　事業用：2042年～設置枚数（2億枚）分の廃棄

出所：環境エネルギー循環センター

設置されている太陽光パネルの枚数

今後、どれくらいの枚数がどのようなペースで撤去・廃棄されていくのでしょうか。筆者が所属する環境エネルギー循環センターが独自試算をした資料が図表4-1になります。

最初に、現在及び今後設置される太陽光パネルの枚数について算出します。図表4-1の数値は、第2章で紹介した太陽光発電設備の導入状況の数値から試算したものです。算出の前提条件として、10キロワット以上の設備については、太陽光パネル1枚250ワット、つまり0・25キロワットで想定しています。10キロワット未満の住宅用については、屋根に合わせてサイズが小さい場合が多いため、1枚あたり200ワットで想定しています。

2021年12月末の段階で、運転を開始している設備の容量が約51ギガワットです。1ギガワットは1000メガワット、1メガワットは1000キロワットですので、キロワットに換算すると、5100万キロワットになります。これを0・25キロワットで割ると約2億500万枚程度となります。10キロワット未満の住宅用が約13ギガワットで、これを0・2キロワットで割ると約6500万枚程度です。合計すると約2億7000万枚の太陽光パネルが現在設置されていると想定できます。

次に、10キロワット以上の事業計画認定済みで、かつまだ運転開始していない設備の容量が約13ギガワット、これを0・25キロワットで割ると約6500万枚になります。運転開始している設備と、これから運転を開始すると予想される設備の容量を合わせると3億2000万枚超の太陽光パネルが設置されることになります。当然、設置される太陽光パネルの容量は、設備ごとに違うので一概にはいえませんが、現在設置されている分も含めて3億枚以上の太陽光パネルが日本全体で設置されます。

これらの数値には、これから新たに申請される太陽光発電設備の容量は含まれていません。自家消費を目的とした10キロワット以上の太陽光発電設備の増加、住宅用についても東京都は新築建物建設の際に、太陽光発電設備の設置を義務化するなど、再び活発になってきています。今後10年の間に、さらに多くの太陽光パネルが設置されるのは間違いないでしょう。

どれくらいのペースで廃棄太陽光パネルが増えるのか

次に、廃棄・処分に回る太陽光パネルがどれくらいになるかについて考えていきましょう。

1つ目は、自然災害による損壊、太陽光パネルのひび割れ、クラスタ異常などの太陽光パネルの不具合により廃棄・処分に回ります。

2つ目は、FIT制度での買い取り期間終了、事業終了により廃棄処分に回ります。住宅用であれば2019年11月以降、10キロワット以上のFIT制度対象の設備であれば、早い設備で2032年7月からとなります。

3つ目は、モジュールの経年劣化による寿命です。一般的な太陽光パネルメーカーの出力保証が25年です。ここでは30年で想定しています。太陽光パネルは、実際に40年稼働している設備もありますので、長持ちする場合もあるからです。

それぞれ説明していきます。まず、太陽光パネルの故障のケースですが、1年間の想定故障率を0・2％で設定しています。1000枚で2枚くらいが交換して廃棄に回るイメージです。想定故障率というのは、業界で目安となる数値が出ているわけではありませんが、環境エネルギー循環センターと関係のある太陽光発電のメンテナンス会社での不具合実績などから、太陽光パネルのひび割れやクラスタ故障は多数見られるため、1000枚に2枚は少なくとも交換になっています。現に、クラスタ故障については、年を経るごとに増えていく傾向にあります。0・2％には、経年による増加や災害による大量の太陽光パネル廃棄については考慮していませんので、実際には、これよりも多くの太陽光パネルが廃棄に回るでしょう。

この仮定で廃棄に回る太陽光パネルの枚数を計算していくと、3億枚×0・2％で60万枚程度（1年間）という試算が出ます。2021年から2022年にかけては、北海道、東北、北陸エリアで多数の雪による倒壊、太陽光パネルの破損事例が確認されています。このように数年に一度の大規模災害が発生すると、何万枚、何十万枚の太陽光パネルが廃棄に回るため、実際には、もう少し多くの太陽光パネルが廃棄に回ることになるでしょう。

別の試算も紹介します。環境省が2018年12月の数値データを集計した資料が公表されていますが、使用済み太陽光パネルの年間排出量が約4400トンです。このうち3400トンがリユースで、1000トンがリサイクル処分に回っているという試算が出ています。これを枚数に置き換えてみると、1枚あたりの太陽光パネルの重量を18キロと想定して、約24万枚になります。先ほどの60万枚という数値とは乖離がありますが、２０１７年末の数値であり、実際には、記録に残っていない廃棄のケースが多いと思われるため、もっと多くの太陽光パネルが廃棄に回っていると想定されます。

続いて、２つ目の買い取り期間終了による廃棄処分についてです。住宅用は、２００９年から本格的に普及が始まりました。初年度で約30万世帯の戸建て住宅に太陽光パネルが設置され、10キロワット未満の住宅用の売電期間10年が経ち、２０１９年問題として廃棄処分の問題が取り上げられました。実際には、11年目以降も蓄電池を導入して自家消費に切り替える、電力事業者に原価で余剰電力を買取ってもらうケースが多く、廃棄に回るケースは少ない印象です。

住宅の家主が太陽光パネルの廃棄を選択せず継続利用する理由としては、電気を引き続き使えることがあります。加えて、住宅用の撤去を適切に行える施工会社が、まだまだ少ないことが挙げられます。これは、費用とも関連しますが、住宅用の太陽光パネルの撤去を行う場合、足場を組み、安全対策を取ったうえで太陽光パネルを外していきます。取り付け方法によりますが、屋根に穴をあけて設置しているケースが多いため、撤去する会社も撤去後に雨漏りが起こった場合の責任問題を考えると、あまり積極的にはやりたくないというのが実情です。同時に足場を組んでいきますので、かなりの費用がかかります。したがって、家主も故障していない限りは、そのまま使い続けるという選択を取っているようです。撤去業者の増加、撤去費用の抑制が進めば、廃棄太陽光パネルも増えてくると思われます。

次に、10キロワット以上の事業用については、FIT制度の開始が2012年7月ですので、早い設備で2032年には、設備撤去する事業者が急増するでしょう。理由としては、住宅用太陽光発電設備との目的、用途の違いがあります。10キロワット以上の事業用の太陽光発電設備は、更地に投資目的で設備を運営しているケースが非常に多いからです。売電20年で投資を十分に回収したあとは、自家消費として電気を使う機器が周辺になく、売電する場合も単価が下がるため収入が減ります。固定資産税や設備の維持費、高騰した損害保険費用が毎年かかりますので、撤去を選択するケースが多くなると予想されます。前述した積み立て制度の義務化により、ある程度費用の問題もクリアできていることも大きいと考えます。土地を借りている場合は、当初の契約で、20年で太陽光発電設備を撤去しなければならない場合もあります。

このように2032年以降の太陽光発電設備の撤去というのは確実に増加します。FIT制度開始から10年間で2億枚程度の太陽光パネルが付いていますので、毎年数千万枚規模の太陽光パネルが廃棄に回ると予想されます。

最後に、3つ目の太陽光パネルの寿命についてです。30年で仮定すると、住宅用だと2039年、事業用だと2042年で設置枚数分の廃棄が出てくる可能性があります。実際には、どこまで持つのかは太陽光パネルメーカーや設置環境によっても大幅に変わってきます。しかし、30年経過すると、メーカーの出力保証も切れている年数ですので、廃棄する太陽光発電設備は多いと想定されます。実際に発電量が徐々に低下していくと、売電収入も下がります。一般的な年次劣化率は0・5％といわれています。最近では、発電量の低下を受けて、太陽光パネルやPCSといった設備を入れ替えるケースも出てきました。30年後には、現在設置されている太陽光発電設備のほとんどが廃棄に回ると考えるのが、自然ではないでしょうか。

太陽光パネルリユース、廃棄処分の流れ

続いて、廃棄処分の全体像を説明します。図表4-2にある「利用終了」は、事業終了などによって太陽光発電設備を全部撤去し、運転を停止した状況です。最初に該当の太陽光パネルのリユースの可否判断をします。事業終了時の全撤去のケースでは、故障や不具合による撤去と違い、リユースに回す場合が多いと想定されます。逆に不具合や設備の倒壊のケースでは、廃棄に回る可能性が高いでしょう。

リユースが不可能な場合は、解体し撤去したあと、産業廃棄物として所定の処理業者に収集、運搬を委託します。太陽光パネルは、一般的には産業廃棄物の品目である「金属くず」、「ガ

図表4-2　太陽電池モジュール処理の全体像

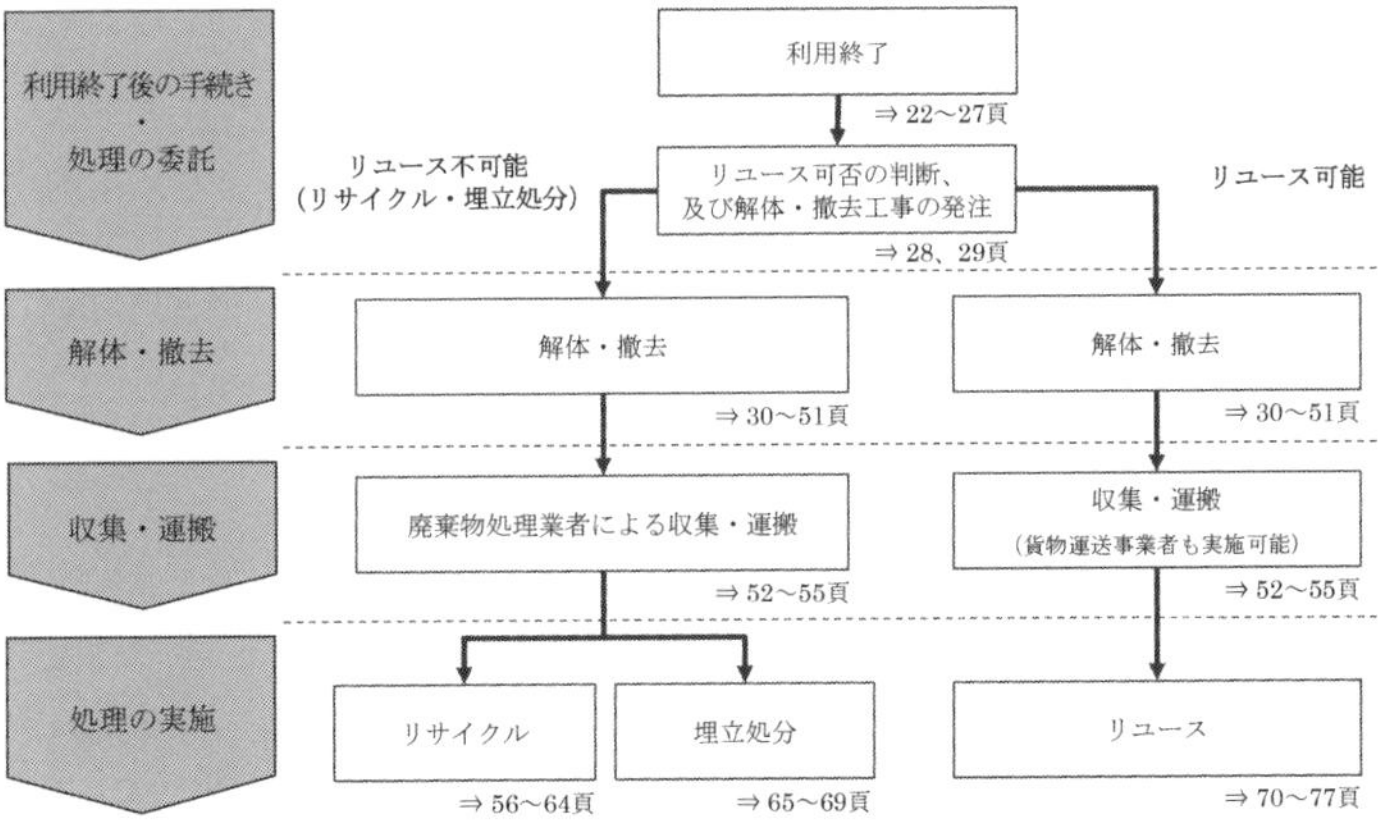

出所：環境省「太陽光発電設備のリサイクル等の推進に向けたガイドライン（第二版）」

ラスくず、コンクリートくず及び陶磁器くず」、「廃プラスチック類」の混合物として取り扱われるため、それらの許可品目を持つ収集運搬業者に委託する必要があります。

中間処理場に持ち込まれた太陽光パネルは、できるだけリサイクルを行うことが望ましいとされていますが、やむを得ず埋立処分する場合には、管理型最終処分場への埋め立てが必要になります。リユースの場合は、産業廃棄物ではありませんので、収集運搬するのは貨物運送業者でも実施可能です。

太陽光パネルのリユースの流れと問題点

ここからは、リユースについて説明していきます。前述したように、利用終了後には、リユ

図表4-3　不良太陽光パネルのリサイクル・リユースへの流れ

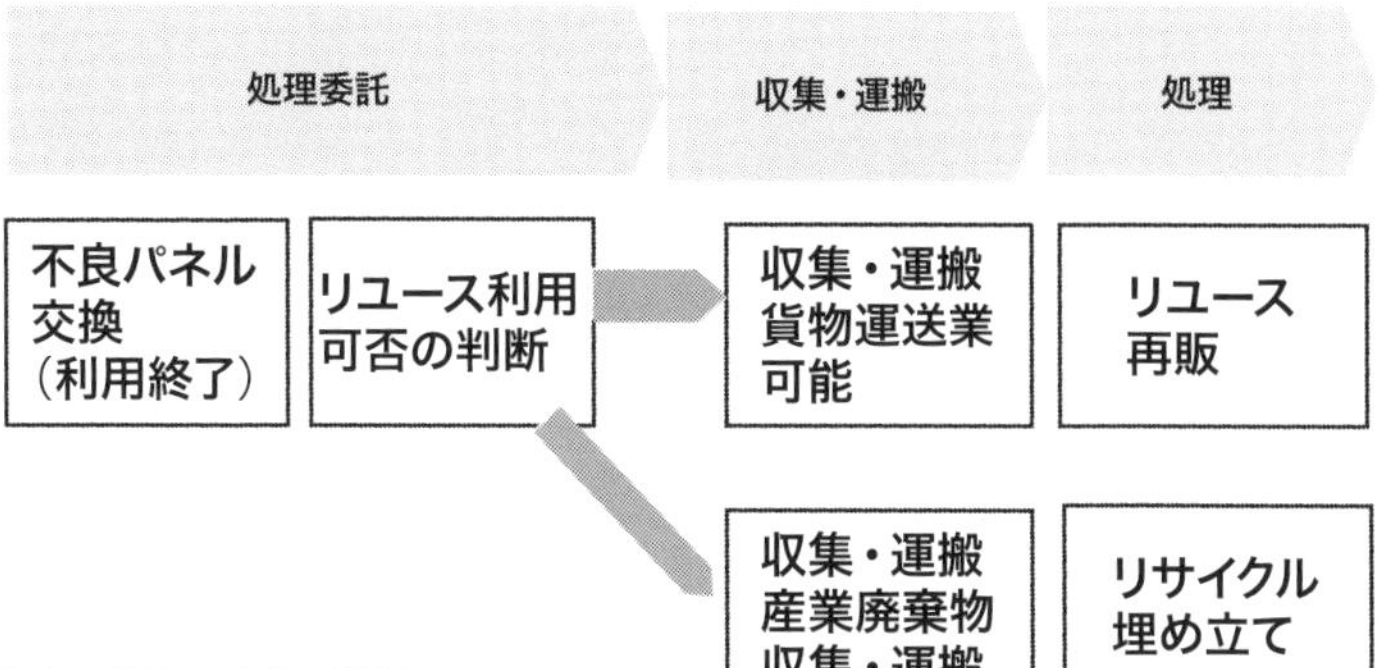

処理委託
収集・運搬
処理
不良パネル
交換
（利用終了）
リユース利用
可否の判断
収集・運搬
貨物運送業
可能
リユース
再販
収集・運搬
産業廃棄物
収集・運搬
リサイクル
埋め立て

出所：環境エネルギー循環センター

ースの可否判断を実施することになります。不具合事例で紹介した、ひび割れやクラスタ故障などの場合は、廃棄・処分に回ります。リユースに回るケースとしては、太陽光パネルが無傷の場合です。例えば、太陽光パネルが飛んでしまったり、支えている金具が倒れてしまったり、自然災害で太陽光発電設備が倒壊した場合などです。加えて、第2章で事例として紹介した、増設計画が中止となり、系統と接続されていない太陽光パネルは、そのまま使用できますので、こちらもリユースに回る可能性があります。今後は、2032年以降のFIT制度の事業期間が終了して撤去する設備は、大半の太陽光パネルが故障などもなく再利用できる可能性が高いので、大量にリユースに回ってくるでしょう。

図表4-3のリユースの流れですが、リユース業者が性能確認を行い、安全性と品質を確認していきます。リユース前の性能確認における実施事項としては、外観の目視に

よる確認、太陽光パネルの洗浄、太陽光パネル単体の絶縁性能の検査、I-Vカーブ測定やエレクトロルミネセンス（EL）検査などの性能検査、バイパスダイオード検査などが挙げられます。これらの性能検査は、現場にて実施する場合もあれば、太陽光パネルを持ち帰って、所定の工場で実施する場合もあります。EL検査については、検査装置が高額であり、検査自体にかなりの費用が掛かるため、現実的には、メンテナンス業者が実施するI-Vカーブ測定や絶縁抵抗測定を太陽光パネル単体で実施していくことで、発電性能と安全性能を確認する場合が大半です。最近では、リユースの性能検査用の測定器が登場するなど、リユース市場の拡大が予想されています。

このように性能確認を実施し、リユース可能な太陽光パネルは、リユース太陽光パネルとして安価に販売されることになります。この場合、太陽光パネルの販売については、古物営業法の遵守が求められることに注意が必要です。リユースの全体像については、2021年5月に環境省から「太陽電池モジュールの適切なリユース促進ガイドライン」が公表されていますので、参考にしてみてください。

可能な限りリユースすることが環境負荷上も望ましいのですが、問題もあります。

1つ目として、リユース品を使用するメリットがあるのかということです。太陽光パネルの価格は下落傾向にあり、新品の太陽光パネルでも安価に購入できます。そのような中で、リユース品を使用するメリットがあるのかという問題があります。実際にリユース太陽光パネルは、国内で販売されるケースもありますが、アフリカなどの未電化地域や辺境地に輸出されるケースが多いのが実態です。

2つ目として、性能検査費用や運搬費用などのコストがかかってしまう問題です。これらの性能検査や運搬にかかるコストを国内での再販価格に転嫁するのは、なかなか難しい状況です。

3つ目として、既存の設備でリユース品を使用できるケースが限られるという問題です。既存の設備でリユース太陽光パネルを使用する場合は、どうしても既存の太陽光パネルと違う太陽光パネルを組み合わせる必要が出てきます。その場合、サイズ違いや既存設備の太陽光パネルメーカーとの保証の兼ね合いもあり、リユース品を使用するのは難しくなります。したがって、新たに太陽光発電設備を建設する際にリユース品を使用する、あるいは大規模な入れ替えの際にリユース品を使用するなど、限定的な利用になります。

これらの問題を解決しながら、どのようにリユース市場が形成され拡大していくかの動向を定期的に確認していく必要があります。

図表4－4　多結晶シリコンモジュールの素材構成例

					重量 [kg/system]	全体重量に対する比率
システム全体				[kg]	578.94	100%
	モジュール		総重量	[kg]	335.74	58%
		セル	結晶シリコン	[kg]	11.29	2%
		フロントカバー	ガラス	[kg]	210.00	36%
		フレーム	アルミ	[kg]	52.61	9%
		プラスチック	EVA等	[kg]	59.32	10%
		電極材料	銅・はんだ	[kg]	2.52	0%
	BOS	パワコン・接続箱	総重量	[kg]	16.41	3%
			鉄	[kg]	8.42	1%
			銅	[kg]	1.43	0%
			アルミ	[kg]	3.34	1%
			その他	[kg]	3.22	1%
		アレイ架台	総重量	[kg]	210.52	36%
			鉄	[kg]	210.52	36%
			コンクリート	[kg]	－	－
		配線材料	総重量	[kg]	16.28	3%
			銅	[kg]	8.53	1%
			プラスチック	[kg]	7.74	1%

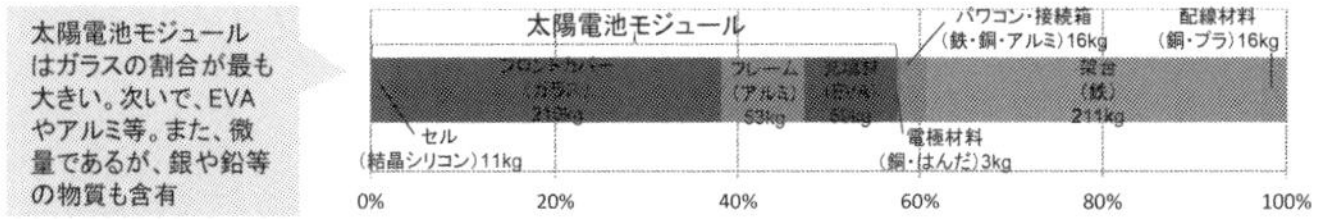

太陽電池モジュールはガラスの割合が最も大きい。次いで、EVAやアルミ等。また、微量であるが、銀や鉛等の物質も含有
太陽電池モジュール
パワコン・接続箱（鉄・銅・アルミ）16kg
配線材料（銅・プラ）16kg
フレーム（アルミ）53kg
架台（鉄）211kg
セル（結晶シリコン）11kg
電極材料（銅・はんだ）3kg
0%
20%
40%
60%
80%
100%

出所：新エネルギー・産業技術総合開発機構（NEDO）「太陽光発電システム共通基盤技術研究開発　太陽光発電システムのライフサイクル評価に関する調査研究」（2009年3月）

太陽光パネルの構成

太陽光パネルの適切な処分についてみていきましょう。ここでは、太陽光パネルに特化して説明を進めます。太陽光発電設備には、さまざまな構成部材がありますが、「なぜ太陽光パネルに特化して説明するか」という1つ目の理由は、設備の全重量に占める太陽光パネルの割合が大きいからです。一般的な「多結晶シリコン」と呼ばれる太陽光パネルでは、全体の6割ぐらいです（図表4－4）。それ以外には、取り付けの架台や金

図表４−５　太陽光パネルの種類と含有される有害物質の種類

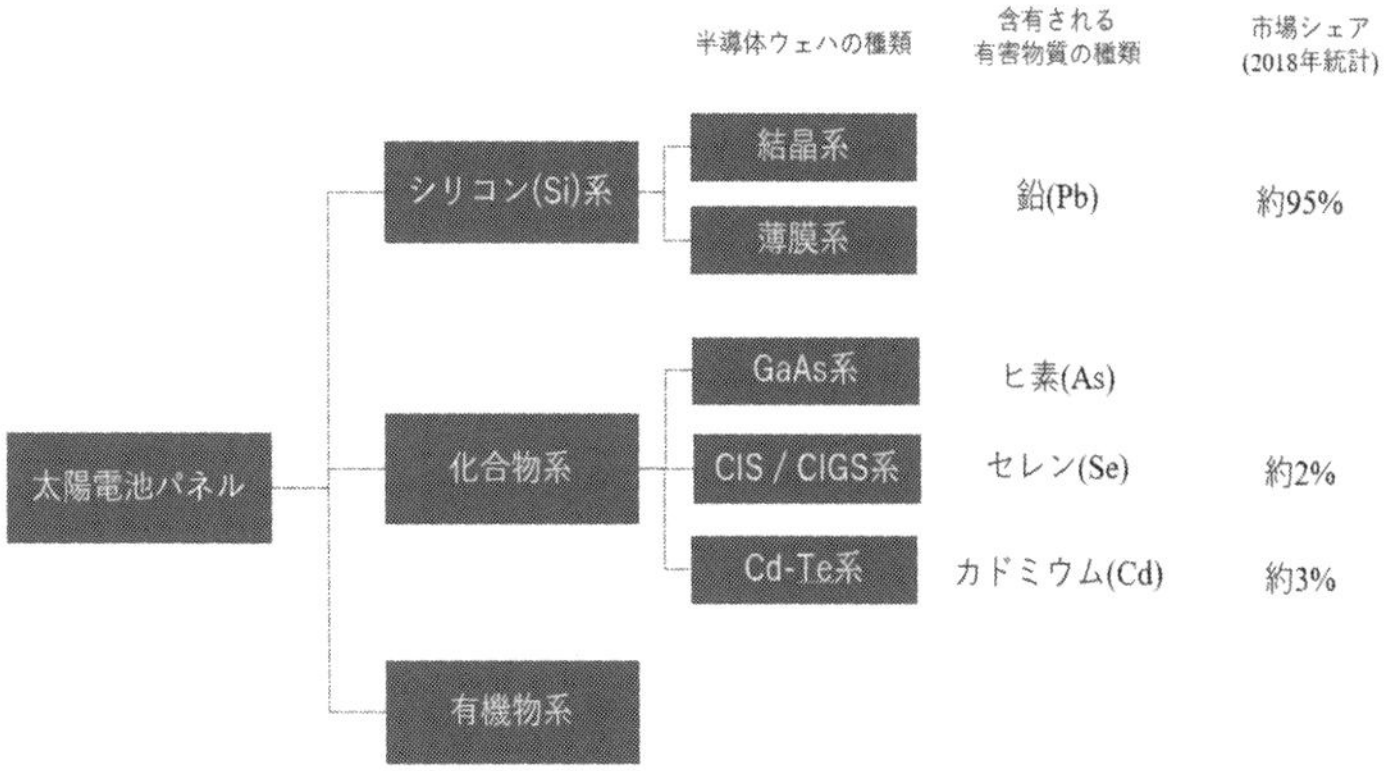

出所：HATCH（自然電力グループ）

具、パワーコンディショナ、集電箱などのボックス関係があります。

２つ目の理由は、廃棄を伴う交換の大半は太陽光パネルということです。例えば、太陽光パネルを支える架台は、大雪などで損壊していない限り交換するケースは少なくなります。パワーコンディショナも交換自体は頻繁に起こりますが、パワコンメーカーの10年保証の対象期間で交換するケースが大半です。交換したパワコンはメーカーへ返送、メーカーが自社で交換し持ち帰ることが多いため、廃棄に回るケースは少なくなります。

３つ目の理由は、太陽光パネル以外は容易に廃棄処分に回すことができます。例えば、架台や金具は、スチールやアルミの場合が多いため、既に処分方法も確立され、そのまま引き取りされるケースが多く、パワコンも特段有害な成分を含んでいることがないため、容易に廃棄処分を行うことができます。これらの理由により、本書では一番の問題となり得る太陽光パネルの廃棄について取り上げています。

太陽光パネルには、いくつかの種類があります。図表4-5には、「市場シェア」の表記があり、シリコン系で約95%のシェアとなっていますが、2018年の資料ですので、実際には、もう少し化合物系のシェアが増えていると想定されます。現在は、シリコン系と化合物系のCIS系太陽光パネルが大半を占めている状況です。シリコン系の太陽光パネルで、有害物質として含まれるのは、はんだ部分に使われている鉛です。一方、化合物系のCIS系の太陽光パネルは、銅、インジウム、セレンを原料とした太陽光パネルで、セレンが有害物質として指定されています。図表4-5にあるカドミウムも以前は問題になるケースがありました。いくつかの海外メーカーでは、カドミウムとテルルを原料として、低コストで大量生産が可能な太陽光パネルを製造し、日本でも多く採用されてきましたが、最近では見かけなくなっています。

続いて、図表4-6にある太陽光パネルの構造を見てみましょう。真ん中にある太陽電池セルが電池の基本の単位になり、このセルが60枚あるいは80枚と電気的につながって1つの太陽光パネルを形成しています。この半導体に太陽光が当たることで発電を繰り返し行います。セルの表と裏には、セルを保護しガラスとバックシートを接着するための封止材があり、一般的な太陽光パネルでは、「エチレン酢酸ビニル共重合樹脂（EVA）」という材料でできています。

図表4−6　太陽光パネルの構造

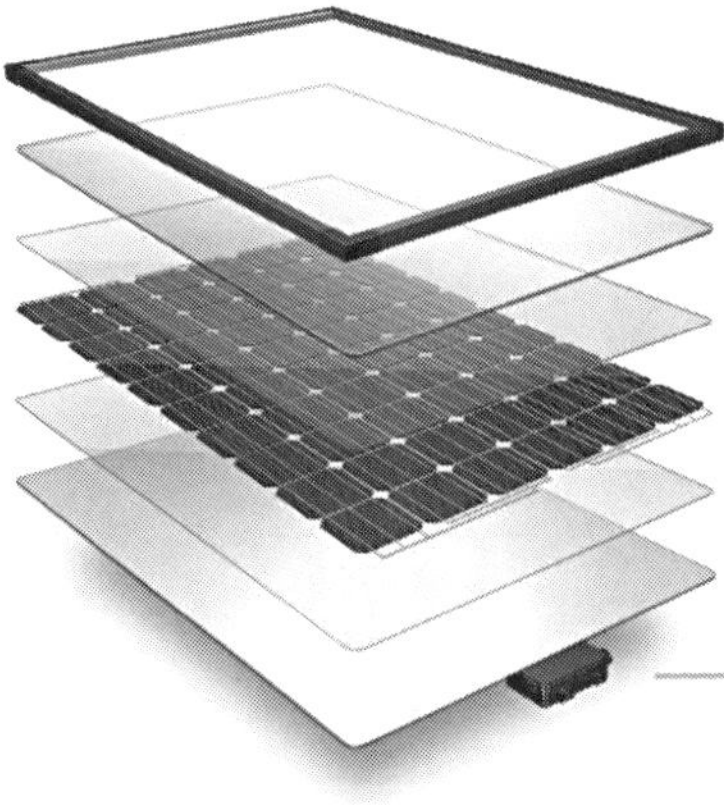

出所：新エネルギー・産業技術総合開発機構（NEDO）「太陽光発電開発戦略2020（NEDO PV Challenges 2020）」

表側は、一番外に強化ガラスで覆われ、アルミ製のフレームでしっかりと抑えられています。裏側は、バックシートによって守られています。バックシートは、耐候性に優れた、フィルムを重ねた部材になっています。このバックシートに「ジャンクションボックス」といわれる電線を接続するためのボックスが取り付けられています。

図表4−7の太陽光パネルの重量構成でいくと、表面のカバーガラスが62・5％を占めており、ガラスの処理をどのように行うかがとても重要になります。加えて、フレーム（アルミ）、それ以外にも封止材の材料でもあるEVAが主な重量構成になります。

補足として、太陽光パネルの種類ごとの構造についても説明します。結晶シリコン系も、薄

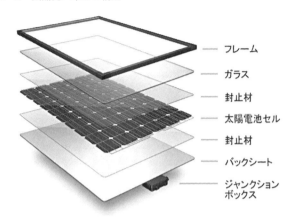

図表4-7　太陽光パネルの重量構成比

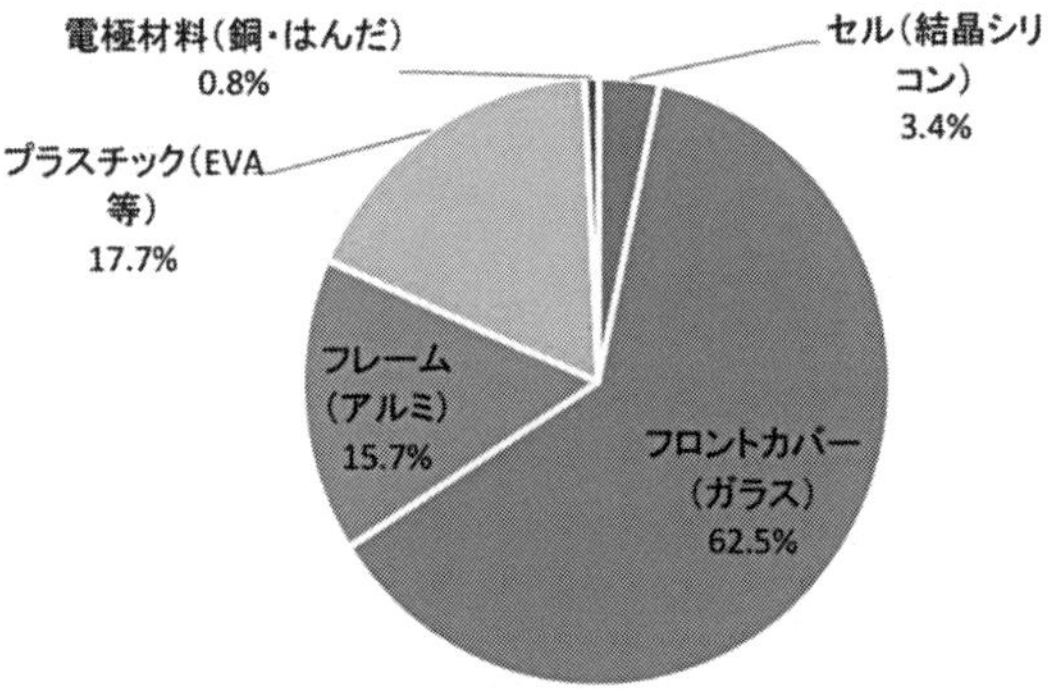
電極材料（銅・はんだ）
0.8%
セル（結晶シリコン）
3.4%
プラスチック（EVA等）
17.7%
フレーム（アルミ）
15.7%
フロントカバー（ガラス）
62.5%

出所：新エネルギー・産業技術総合開発機構（NEDO）「太陽光発電開発戦略2020（NEDO PV Challenges 2020）」

図表4-8　太陽電池モジュールの断面図と構成部材

種類	断面図と構成部材
結晶シリコン系	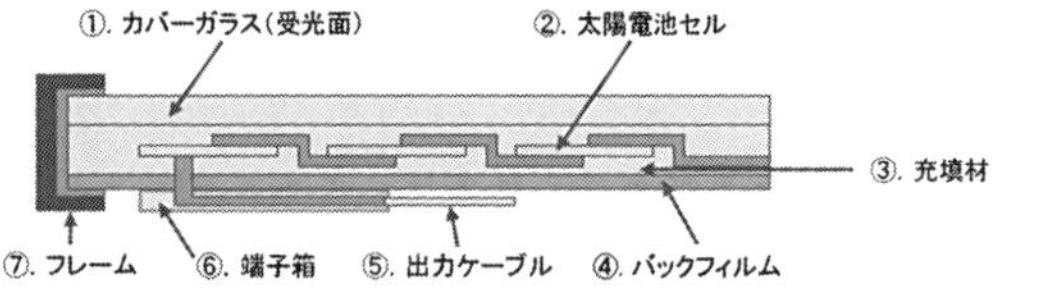①. カバーガラス（受光面） ②. 太陽電池セル ③. 充填材 ⑦. フレーム ⑥. 端子箱 ⑤. 出力ケーブル ④. バックフィルム
薄膜シリコン系	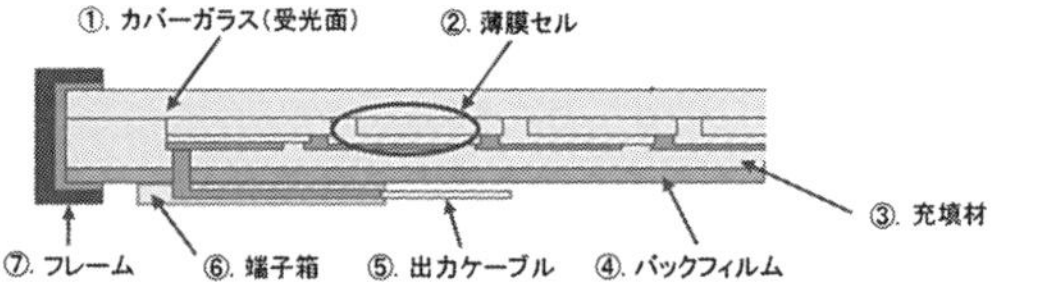①. カバーガラス（受光面） ②. 薄膜セル ③. 充填材 ⑦. フレーム ⑥. 端子箱 ⑤. 出力ケーブル ④. バックフィルム
化合物系 （CIS/CIGS系）	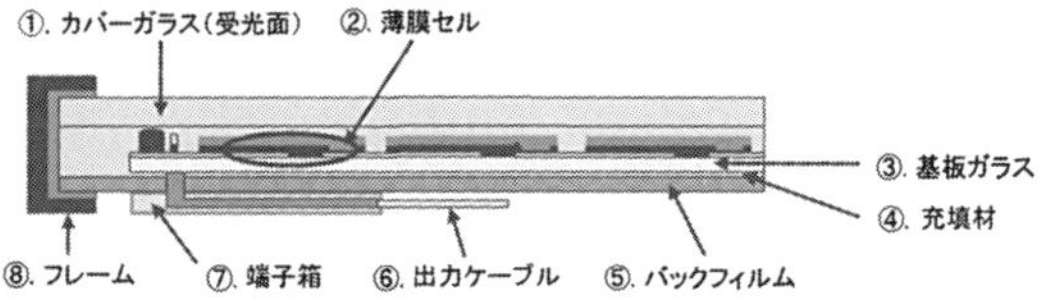①. カバーガラス（受光面） ②. 薄膜セル ③. 基板ガラス ④. 充填材 ⑧. フレーム ⑦. 端子箱 ⑥. 出力ケーブル ⑤. バックフィルム

出所：環境省「太陽光発電設備のリサイクル等の推進に向けたガイドライン（第二版）」

膜シリコン系も、化合物系も多少構造が違いますが、大きな構造は同じです。素材としては、カバーガラスはガラスの分類、太陽電池セルは金属が主に使われていますので、分類では金属になります。図表4-8の中に「充填剤」とありますが、前述した封止材で、主にEVAが材料となっており、分類としてはプラスチックになります。フレームはアルミですので金属です。ジャンクションボックス（端子箱）、出力ケーブル、バックフィルムは、金属とプラスチックというような分類になっています。

太陽光パネルに含まれる有害物質

ここからは、素材の中で処分上、特に留意しなければならない有害物質について説明します。環境省で国内外メーカーの計27サンプルについて含有量の試験を行っています。この中で、かなりの太陽光パネルの部材で、鉛、錫、アンチモンといった有害物質だけでなく、銅、銀という有価の物質が含まれていることが判明しました。有価の銀は、電極材として使用されており、古いものほど濃度が高くなっているようです（図表4-9）。詳細は、環境省のリサイクルガイドラインに掲載されていますので確認してみてください。

結晶シリコン系（多結晶）	国内	2001～2006	フロントカバーガラス	360	—	<1	—	—	—	—	2,000	—	—	—	—	17	—	—	—	12
				<1	—	<1	—	—	—	—	2	—	—	—	—	<1	—	—	—	
			電極	140,000	—	—	—	—	—	—	—	—	830,000	—	250,000	—	—	—	32,000	12
				390	—	—	—	—	—	—	—	—	410,000	—	460	—	—	—	4,700	
			ＥＶＡ・結晶・バックシート	7,600	6	14	<1	<1	<0.5	<1	57	7	5,600	940	14,000	5	1	7	12,000	12
				100	<1	<1	<1	<1	<0.5	<1	5	<1	40	14	41	2	<1	3	290	
		2012～2013	フロントカバーガラス	8	—	3	—	—	—	—	2,000	—	—	—	—	<1	—	—	—	6
				<1	—	2	—	—	—	—	1,700	—	—	—	—	<1	—	—	—	
			電極	64,000	—	—	—	—	—	—	—	—	83,000	—	89,000	—	—	—	12,000	6
				5,500	—	—	—	—	—	—	—	—	70,000	—	2,900	—	—	—	1,800	
			ＥＶＡ・結晶・バックシート	990	<1	14	<1	<1	<0.5	<1	35	7	890	940	290	5	1	4	2,600	6
				100	<1	<1	<1	<1	<0.5	<1	5	<1	40	97	41	2	<1	3	290	
		2017～	フロントカバーガラス	15	<1	1	<1	<1	<0.5	<1	2,600	29	12	11	2	<1	<1	<1	<1	1
				15	<1	1	<1	<1	<0.5	<1	2,600	29	12	11	2	<1	<1	<1	<1	
			電極	68,000	<1	<1	<1	<1	<0.5	<1	<1	1	810,000	20	18,000	<1	2	<1	12,000	1
				68,000	<1	<1	<1	<1	<0.5	<1	<1	1	810,000	20	18,000	<1	2	<1	12,000	
			ＥＶＡ・結晶・バックシート	29	<1	<1	<1	<1	<0.5	<1	25	17	23	67	30	<1	<1	5	1,900	1
				29	<1	<1	<1	<1	<0.5	<1	25	17	23	67	30	<1	<1	5	1,900	
	海外	2012～2013	フロントカバーガラス	30	—	6	—	—	—	—	1,700	—	—	—	—	<1	—	—	—	6
				1	—	<1	—	—	—	—	450	—	—	—	—	<1	—	—	—	
			電極	59,000	—	—	—	—	—	—	—	—	850,000	—	85,000	—	—	—	19,000	6
				1,400	—	—	—	—	—	—	—	—	750,000	—	3,700	—	—	—	3,900	
			ＥＶＡ・結晶・バックシート	1,400	<1	19	<1	<1	<0.5	<1	100	100	2,900	210	1,500	5	3	5	2,100	6
				100	<1	<1	<1	<1	<0.5	<1	15	3	160	58	280	2	<1	3	160	
			ガラス・ＥＶＡ・結晶・バックシート	630	<1	10	<1	<1	<0.5	<1	570	16	200	51	1,100	3	<1	3	3,300	6
				41	<1	<1	<1	<1	<0.5	<1	81	2	13	20	10	2	<1	1	250	
		2017～	フロントカバーガラス	39	<1	65	<1	<1	<0.5	<1	2,600	7	37	11	12	<1	<1	<1	<1	3
				17	<1	4	<1	<1	<0.5	<1	1,800	2	10	8	<1	<1	<1	<1	<1	
			電極	58,000	<1	<1	<1	<1	<0.5	<1	<1	27	900,000	20	60,000	3	32	<1	12,000	3
				46,000	<1	<1	<1	<1	<0.5	<1	<1	<1	830,000	12	55,000	<1	<1	<1	5,700	
			ＥＶＡ・結晶・バックシート	190	<1	3	<1	<1	<0.5	<1	180	8	32	64	86	1	<1	3	2,000	3
				140	<1	<1	<1	<1	<0.5	<1	24	7	11	17	34	<1	<1	2	1,200	
薄膜シリコン系	国内	2008～2013	電極	70	—	—	—	—	—	—	—	—	690,000	—	320,000	—	—	—	10,000	6
				52	—	—	—	—	—	—	—	—	620,000	—	1,000	—	—	—	8,500	
			ガラス・ＥＶＡ・結晶・バックシート	15	<1	<1	2	<1	<0.5	<1	2	<1	4,200	680	680	6	<1	2	180	9
				1	<1	<1	<1	<1	<0.5	<1	<1	<1	12	21	240	3	<1	1	47	
化合物系	国内・海外	2007～2013	電極	4,100	—	—	—	—	—	—	—	—	840,000	—	160,000	—	—	—	5,800	9
				8	—	—	—	—	—	—	—	—	570,000	—	26	—	—	—	12	
			ガラス・ＥＶＡ・結晶・バックシート	26	390	2	370	<1	<0.5	<1	1,600	470	4,500	500	450	180	300	53	11	9
				2	5	1	150	<1	<0.5	<1	<1	<1	18	10	15	8	<1	<1	<1	

出所：「平成25年度　使用済再生可能エネルギー設備のリユース・リサイクル促進調査委託業務 報告書（環境省）」、「平成30年度　リサイクルシステム統合強化による循環資源利用高度化促進業務（環境省）」に基づき三菱総合研究所作成

図表４－９　含有量試験の結果

上：最大値　下：最小値　　含有量単位：mg/kg

種類		製造年	部位	Pb 鉛	Cd カドミウム	As ひ素	Se セレン	T-Hg 水銀	Cr^{6+} 六価クロム	Be ベリリウム	Sb アンチモン	Te テルル	Cu 銅	Zn 亜鉛	Sn すず	Mo モリブデン	In インジウム	Ga ガリウム	Ag 銀	N数
結晶シリコン系（単結晶）	国内	～1999	フロントカバーガラス	20	—	<1	—	—	—	—	5	—	—	—	—	11	—	—	—	3
				5	—	<1	—	—	—	—	3	—	—	—	—	9	—	—	—	
			電極	110,000	—	—	—	—	—	—	—	—	740,000	—	69,000	—	—	—	30,000	6
				85,000	—	—	—	—	—	—	—	—	550,000	—	490	—	—	—	18,000	
			ガラス・ＥＶＡ・結晶・バックシート																	
			ＥＶＡ・結晶・バックシート	1,900	3	<1	<1	<1	<0.5	<1	69	<1	4,500	220	1,900	4	1	17	6,200	3
				1,800	<1	<1	<1	<1	<0.5	<1	20	<1	320	51	1,700	3	<1	15	4,300	
		2000～2009	フロントカバーガラス	310	—	1	—	—	—	—	2,100	—	—	—	—	2	—	—	—	6
				<1	—	<1	—	—	—	—	1,600	—	—	—	—	<1	—	—	—	
			電極	1,100	—	—	—	—	—	—	—	—	730,000	—	150,000	—	—	—	25,000	6
				44	—	—	—	—	—	—	—	—	670,000	—	950	—	—	—	4,900	
			ガラス・ＥＶＡ・結晶・バックシート	110	<1	<1	<1	<1	<0.5	<1	12	<1	13	13	180	8	68	7	3,200	3
				32	<1	<1	<1	<1	<0.5	<1	8	<1	11	13	58	7	58	6	3,200	
			ＥＶＡ・結晶・バックシート	270	<1	<1	<1	<1	<0.5	<1	10	<1	460	40	1,100	3	3	7	5,300	3
				220	<1	<1	<1	<1	<0.5	<1	6	<1	71	11	270	2	2	3	3,100	
		2010～2013	フロントカバーガラス	120	—	4	—	—	—	—	2,200	—	—	—	—	<1	—	—	—	9
				16	—	<1	—	—	—	—	1,200	—	—	—	—	<1	—	—	—	
			電極	170	—	—	—	—	—	—	—	—	950,000	—	18,000	—	—	—	23,000	9
				5	—	—	—	—	—	—	—	—	780,000	—	3	—	—	—	280	
			ガラス・ＥＶＡ・結晶・バックシート																	
			ＥＶＡ・結晶・バックシート	290	<1	25	<1	<1	<0.5	<1	96	26	160,000	170	3,700	7	400	6	9,400	9
				1	<1	<1	<1	<1	<0.5	<1	9	<1	49	12	26	2	<1	<1	150	
	海外	2008～2013	フロントカバーガラス	10	—	<1	—	—	—	—	780	—	—	—	—	<1	—	—	—	3
				5	—	<1	—	—	—	—	510	—	—	—	—	<1	—	—	—	
			電極	58,000	—	—	—	—	—	—	—	—	880,000	—	97,000	—	—	—	22,000	9
				9	—	—	—	—	—	—	—	—	760,000	—	9,800	—	—	—	84	
			ガラス・ＥＶＡ・結晶・バックシート	66	<1	3	<1	<1	<0.5	<1	2,200	2	140	100	87	3	<1	1	470	6
				27	<1	<1	<1	<1	<0.5	<1	1,200	<1	21	16	28	1	<1	1	280	
			ＥＶＡ・結晶・バックシート	10	<1	1	<1	<1	<0.5	<1	52	<1	110,000	26	19,000	2	<1	<1	120	3
				7	<1	<1	<1	<1	<0.5	<1	36	<1	94,000	13	16,000	2	<1	<1	59	
		2017～	フロントカバーガラス	21	1	14	<1	<1	<0.5	<1	1,500	1	44	33	9	<1	<1	<1	<1	1
				21	1	14	<1	<1	<0.5	<1	1,500	1	44	33	9	<1	<1	<1	<1	
			電極	43,000	<1	2	<1	<1	<0.5	<1	<1	3	900,000	6	54,000	<1	49	<1	3,200	1
				43,000	<1	2	<1	<1	<0.5	<1	<1	3	900,000	6	54,000	<1	49	<1	3,200	
			ガラス・ＥＶＡ・結晶・バックシート																	
			ＥＶＡ・結晶・バックシート	62	<1	<1	<1	<1	<0.5	<1	72	6	26	12	57	<1	<1	2	1,400	1
				62	<1	<1	<1	<1	<0.5	<1	72	6	26	12	57	<1	<1	2	1,400	

COLUMN

太陽光パネルのリユース〈インタビュー〉　クローバー・テクノロジーズ

クローバー・テクノロジーズ代表取締役社長の淺岡佑珠広氏に太陽光パネルのリユース事例を聞きました。

――事業概要を教えてください。

２０１６年に設立し、「四つ葉電力」として小売電気事業をはじめ、現在は自家消費型太陽光発電システムと蓄電システムの企画設計から施工まで行うＥＰＣ（Engineering〈設計〉、Procurement〈調達〉、Construction〈建設〉）として建設業にも携わっています。これまでの事業ノウハウを活かし、関西圏を中心に太陽光パネルの撤去、運搬・リユース・リサイクル事業を展開しています。

――リユース事業を始められたのは、どのような背景でしたか。

３年半ほど前に太陽光発電の設置に関わったテナント事業をされている顧客（Ａ社）から倉庫を取り壊すため、屋根に設置している太陽光パネルも取り外したいと依頼がありました（顧客はＦＩＴ制度を活用し導入していました）。３年半しか経っていないにも関わらず撤去するのはもったいないと感じ、買い取りの提案をしました。当社が買い取りをした３６０枚の太陽光パネルをどうしようかと考えていたときに、これから太陽光パネルを設置したいという別の顧客（B社）がいたため、リユースパネルとして販売をさせていただくことになりました。

撤去、倉庫保管、運搬を当社でやらせていただきました。A社には買取金額をお渡しすることができましたし、B社にも新品で購入するよりも数百万円費用を抑えることができました。B社は自家消費としての利用目的で、当時、電気料金も高騰してきた渦中だったので、タイミングとしても非常にコストを抑えて電力調達することができました。売り手良し・買い手良し・世間良しで、その間に入らせていただき、非常に喜んでいただきました。

――360枚の太陽光パネルは、すべて活用できたのですか。

はい、2つの理由からうまくいったのかなと思います。

まず、壊れていた太陽光パネルが1枚もなかったことです。3年半の間、当社にてメンテナンスを行っていたのですが、遠隔監視で何かあったときはアラートが出るようにしていました。また、目視点検やストリング電圧測定を行っていました。そのため、状態が良く、買い取りをするときも価値が下がらなかったと考えています。B社設置時に電圧測定のテスターを当てて点検をしたときも特に問題がありませんでした。

また、B社は3カ所に工場を持っており、それぞれで自家消費できる電力を確保したいと考えていたため、360枚すべてうまく活用することができました。

――事業としての課題は何でしょうか。

ご紹介したような好事例を、これからも積極的につくっていきたいと考えています。そのためには情報ネットワークが必要です。当社では、太陽光パネルを購入したいという顧客は多いのですが、手放したいというニーズがキャッチアップできていません。さまざまなプレーヤーと連携し、双方をうまくつなげられるような仕組みを構築していきたいと考えています。

また、買い取り業者の中でも少し荒っぽい手法で、買い取りをしているケースがあります。アジア圏などにコンテナ輸送で日本の廃棄パネルが海外に流れています。当社が行うリユース事業では、もう少し別の価値を出さないと、そうした業者に流れていってしまうのかなと懸念しています。

――太陽光発電に関わる関係者に伝えたいことはありますか。

はい、3つあります。

1つ目は、太陽光パネルの寿命は25～35年ともいわれており、長寿命です。だから（地球よりも過酷な宇宙ステーションへの電力供給という環境での太陽光パネル活用が注目された技術もあるなどの背景もあり）簡単に廃棄するのではなく、また、解体・処理・リサイクルをするのでもなく、まずはリユースするという方法が合っているのではないかと考えています。

その思いを込めて当社では、太陽光パネルを運搬するための段ボールに「太陽光パネルは長寿命」と印刷をしました（写真）。発電事業者の方々に「まずは廃棄」ではなく、「まずはリユース」という選択肢を考えてもらえるように、地道ですが、少しずつ認知を広げていきたいと考えています。
また、国や地方自治体などが、リユースパネルに一定の基準を設けたうえで設置時の補助対象にしていただくと、リユースパネルを活用しようという機運がもっと高まるのではないかと思っています。

2つ目は、販売者の責任です。当社の経験からも、太陽光パネルの良し悪しはすごくあると思っています。経年劣化が少ない、発電効率の良いパネルをきちんと選定し、販売しておくことで、将来的なリユースにつながると確信しています。

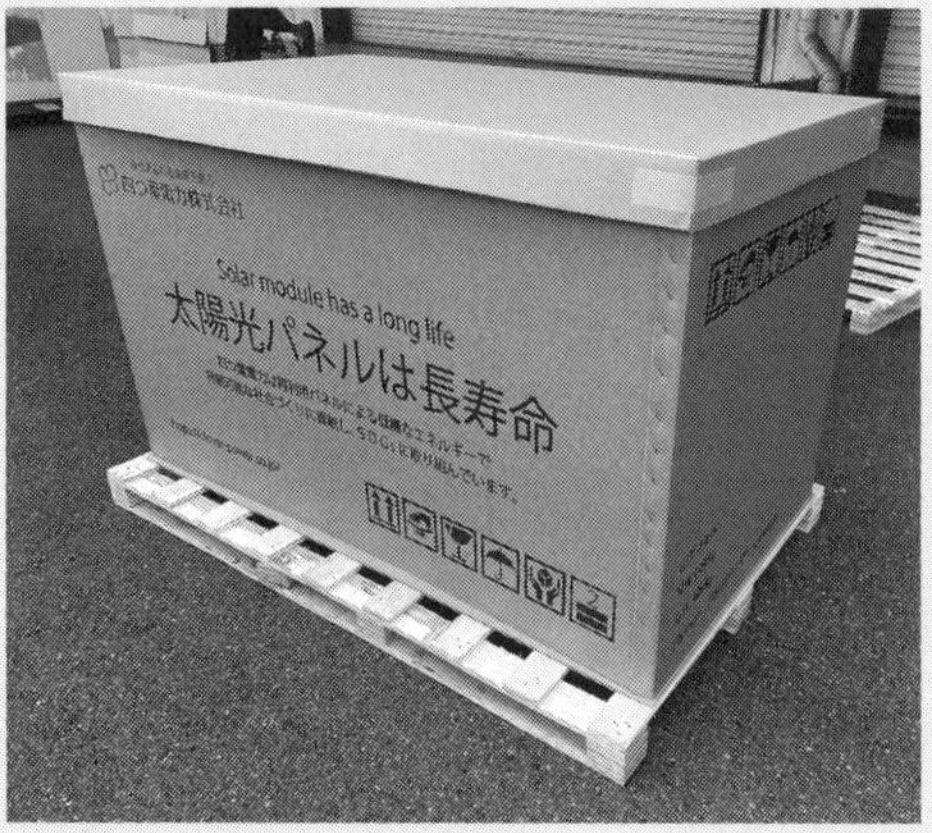

3つ目は、発電事業者のメンテナンスへの意識です。長寿命だからこそメンテナンスをしっかり行っていただきたいと思っています。太陽光パネルにも健康寿命があると考えていますので、健康状態を常に管理しておくことで、その太陽光パネルを長く安心して使い続けることができます。さらに何らかの理由で早期に撤去する必要が出たときも、状態が良ければリユース（売却）に回すことができ、次に必要な人の手に届く可能性があります。リユースという視点からも発電事業者の意識が改めて問われていると思っています。

図表4-10　太陽光パネルのカバーガラス破損例

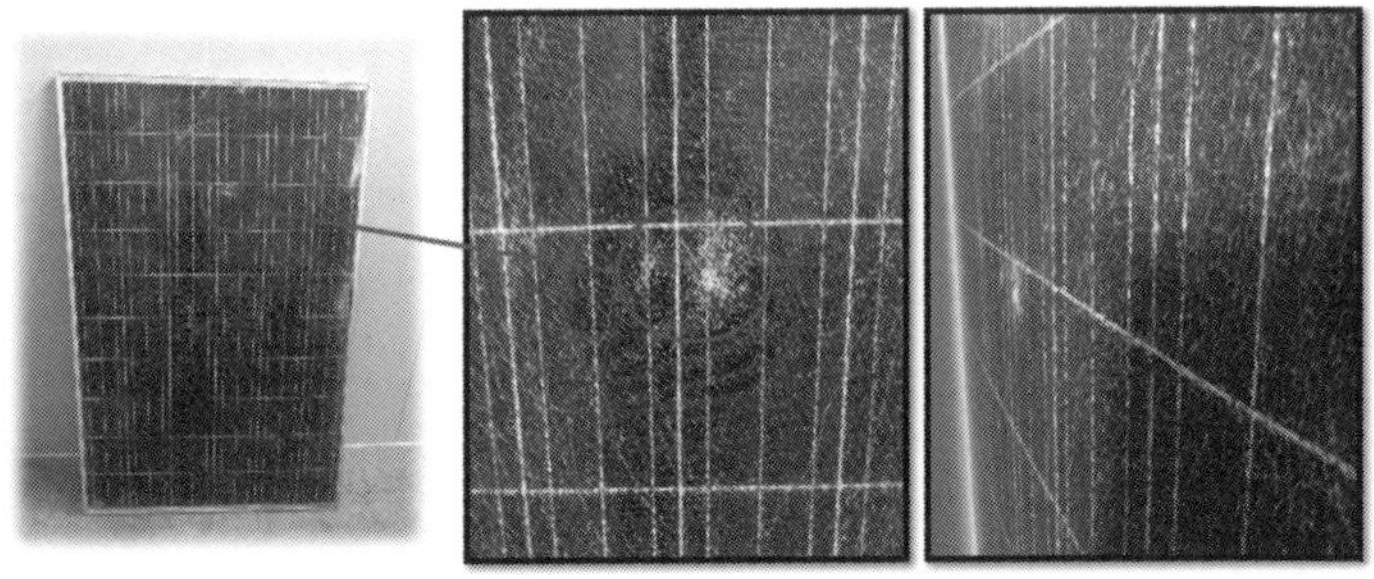

出所：未来創造

適切な処分方法について

ここからは、実際に持ち込まれた太陽光パネルをどのように処理し、リサイクルしていくかをみていきましょう。有害物質を含んだ太陽光パネルもある中で、構成部材を適切に分離し、リサイクルできるものはリサイクルしていく必要があります。実際に納入される太陽光パネルは、図表4-10のようにカバーガラスが破損しているものも多く見られ、カバーガラスの破損状況により処理できる方法が変わります。

太陽光パネルの適切なリサイクルについての規制は現在のところありません。参考になる情報としてJPEAが独自に公表している産業廃棄物中間処理業者一覧表があります（図表4-11）。この一覧表は、度重なる自然災害による太陽光パネルの廃棄により、適正処理（リサイクル）が可能な産業廃棄物中間処理業者の情報を得たい

図表4-11　適正処理(リサイクル)の可能な産業廃棄物中間処理業者名一覧表

(2022/9最終更新)

	(A)	(B)		(C)
	中間処理業者の名称 (注1)(注2)	連絡先		ホームページ リンク
		連絡先所在地：処理施設が連絡先またはその近隣の都道府県以外にある場合は( )内に処理施設所在地を示す	TEL番号	
1	㈱マテック 石狩支店	北海道石狩市	0133-60-2000	http://www.matec-inc.co.jp/
2	㈱青南商事	青森県弘前市	0172-35-1413	http://www.seinan-group.co.jp
3	㈱ミツバ資源	青森県十和田市	0176-28-2033	http://www.mitsuba-shigen.com
4	㈱環境保全サービス	岩手県奥州市	0197-25-7522	http://www.khs.ne.jp/
5	㈱モリヤ	山形県東根市	0237-43-3612	http://www.ecomoriya.com/
6	㈱高良	福島県南相馬市	0244-22-7111	WWW.takaryo.co.jp
7	㈱白川商店	福島県郡山市	024-944-6082	http://www.shirakawa-syouten.co.jp
8	日曹金属化学㈱	東京都台東区(福島県)	03-5688-6383	http://www.nmcc.co.jp
9	水海道産業㈱	茨城県常総市	0297-22-0077	http://www.mitsukaido.net/
10	環境通信輸送㈱	茨城県牛久市	029-875-1301	https://www.ktyhon.co.jp
11	㈱ウム・ヴェルト・ジャパン	埼玉県大里郡寄居町	048-577-1153	http://www.u-w-j.co.jp/
12	㈱リーテム	東京都千代田区(茨城県)	03-5256-7041	https://www.re-tem.com/
13	㈱浜田	東京都港区	03-6459-1352	https://www.kkhamada.com/
14	東京パワーテクノロジー㈱	東京都江東区	03-6372-7000	https://www.tokyo-pt.co.jp
15	東芝環境ソリューション㈱	神奈川県横浜市	045-510-6833	http://www.toshiba-tesc.co.jp/index_j.htm
16	㈱エコネコル	静岡県富士宮市	0544-58-5800	http://www.econecol.co.jp/
17	㈱信州タケエイ	長野県諏訪市	0266-58-0022	http://www.shinshu-takeei.co.jp
18	ハリタ金属㈱	富山県高岡市	0766-64-3516	http://www.harita.co.jp/
19	リサイクルテック・ジャパン㈱	愛知県名古屋市	052-355-9888	http://www.r-t-j.co.jp
20	(㈱エコアドバンス伊賀工場	三重県伊賀市	0595-26-7687	http://www.ecoadvance.co.jp/company.html
21	近畿電電輸送㈱	大阪府寝屋川市	072-823-8578	https://www.kdy.co.jp/service/recycling
22	㈱浜田	大阪府高槻市	0120-600-560	https://www.kkhamada.com/
23	㈱白兎環境開発	鳥取県鳥取市	0857-38-3020	http://www.hakuto-kankyo.co.jp
24	平林金属㈱	岡山県岡山市	086-246-0011	http://www.hirakin.co.jp/
25	㈱カンガイ	岡山県倉敷市	086-526-1717	http://www.kangai.co.jp
26	JFE条鋼㈱水島製造所	岡山県倉敷市	086-447-4266	https://www.jfe-bs.co.jp
27	㈱スナダ	広島県東広島市	082-433-6110	http://www.e-sunada.com
28	金城産業㈱	愛媛県松山市	089-972-3300	http://www.eco-kaneshiro.com
29	㈱エヌ・ビー・シー	愛媛県松山市	089-946-6606	https://www.npcgroup.net/
30	㈱リサイクルテック	福岡県北九州市	093-752-5322	https://www.shinryo-gr.com/recycle-tech.html
31	九州北清㈱	宮崎県小林市	0984-24-1170	http://www.k-hokusei.co.jp
32	廃ガラスリサイクル事業協同組合*	岩手県奥州市	0197-51-1281	http://www.glassrecycle.ne.jp
33	ガラス再資源化協議会*	東京都港区	03-5775-1600	http://www.grcj.jp
34	㈱啓愛社*	東京都千代田区	03-6206-8116	http://www.keiaisha.co.jp/index.html
35	ネクストエナジー・アンド・リソース㈱*	東京都新宿区	0120-89-1060	https://www.nextenergy.jp
36	オリックス環境㈱*	東京都港区	03-5730-0170	https://www.orix.co.jp/eco/

(注1)中間処理業者の名称は，原則として連絡先または処理施設の住所の順，北から南，東から西の順に記載する．
(注2)名称の後に*があるものは，リサイクル率が一定程度であると自己宣言した業者を紹介しようとする団体・会社

出所：太陽光発電協会(JPEA)

とのニーズが多くなり、２０１８年に作成・公表を行ったものです。本書では、ここに記載のある中間処理業者及びその処理方法について説明していきます。

太陽光パネルリサイクル専用装置

大きく分けると、太陽光パネルのリサイクル専用の設備を使用し分別していくケースと、既存の廃棄設備をそのまま利用するケースとに分かれます。最初に現在、主に使用されている専用設備の種類について説明します。太陽光パネルの状態や持ち込む場所など各条件にあった処理方法があります。

リサイクルに使用される装置、処理方法ということで、ここでは、代表例として4種類に分類して説明していきます。実際には、ここに記載のない方法での処理も行われています。いずれの装置でも太陽光パネル裏側のジャンクションボックス、アルミフレームを取り外す工程は同じで、表面のガラスの処理方法の違いによって分類しています。

1. ブラストによりカバーガラスのみ削り取る装置
2. 回転刃によりカバーガラスのみ削り取る装置

3. シート層（樹脂層）のみ削り取る装置

4. カバーガラスとシート層（樹脂層）を特殊な方法で分離する装置

図表4-12　太陽光パネルカバーガラス除去（4方式）

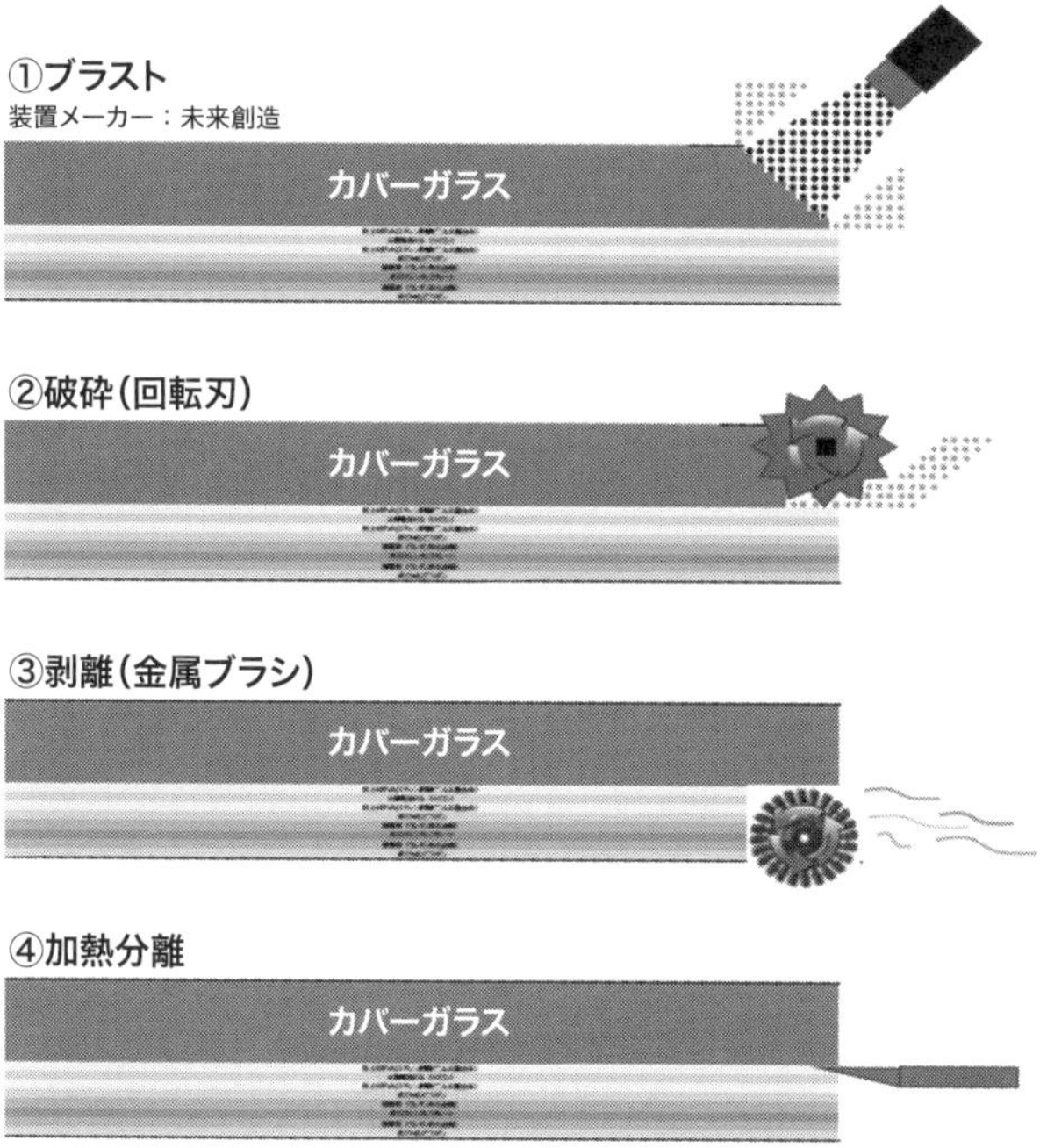

①ブラスト
装置メーカー：未来創造
カバーガラス
②破砕（回転刃）
カバーガラス
③剥離（金属ブラシ）
カバーガラス
④加熱分離
カバーガラス

出所：未来創造

それぞれの処理方法を表したのが図表4-12になります。

1. ブラストによりカバーガラスのみ削り取る装置

図表4-13のように、粒状の投射材料を圧縮エアー、あるいはモーター駆動によってカバーガラスの表面に噴き付けて、カバーガラスを剥離する方法で「ブラスト工法」といいます。投射材料は、装置内で循環し、連続して使用す

図表4-13　ブラスト工法

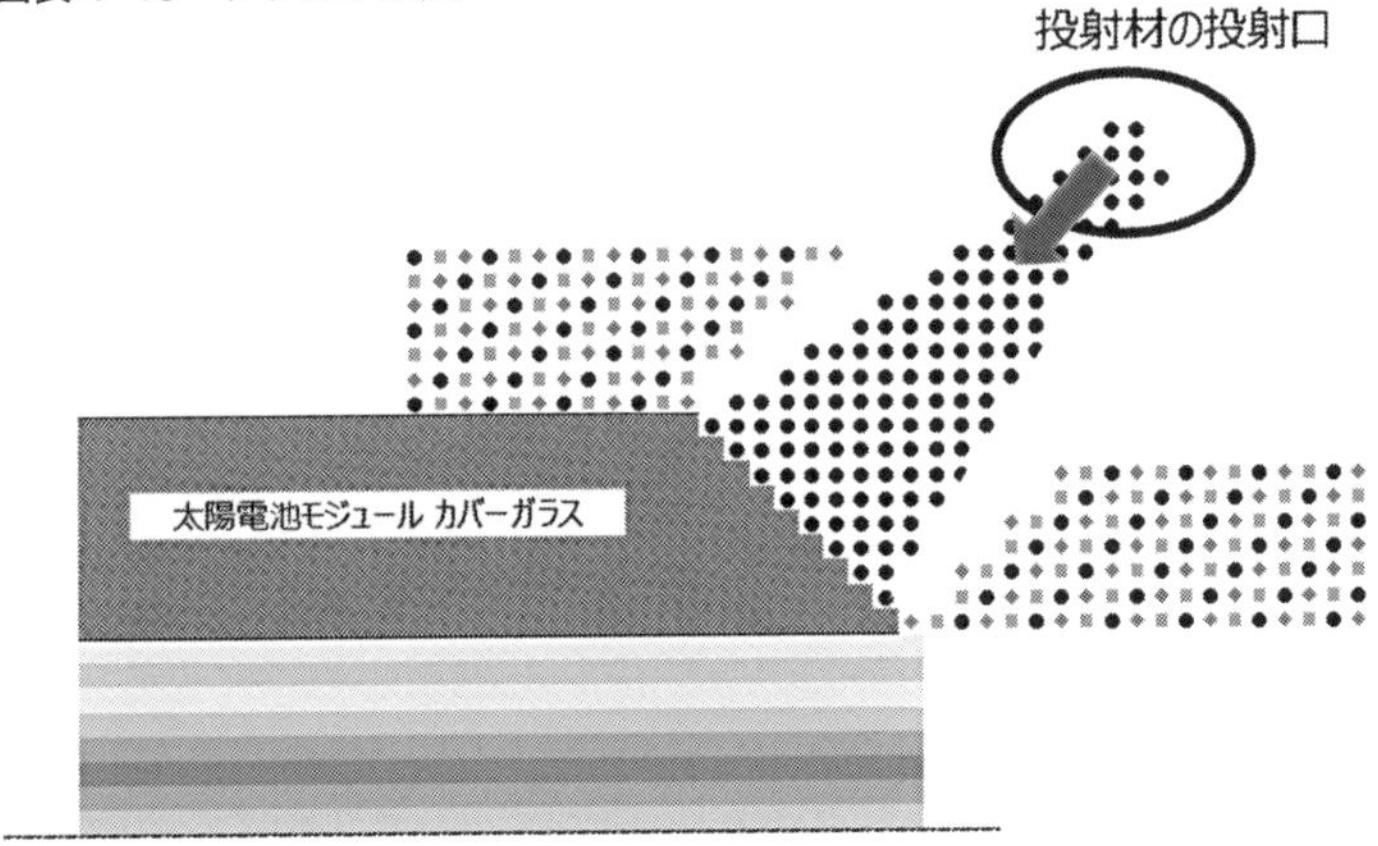

出所：環境省「太陽光発電設備のリサイクル等の推進に向けたガイドライン（第二版）」

ることが可能で、剥離したカバーガラスは、ふるい装置で自動的に分別され回収されます。

この方法は、シリコンセルの封止材（EVA）層が投射材料の衝撃を吸収し弾くため、カバーガラス真下のシート面にダメージなどの影響がありません。この処理技術により、災害などで凹凸に変形してしまった太陽光パネルのカバーガラスも装置側の調整（クリアランスなど）なしで処理が可能です。加えて、近年増加している両面受光タイプの太陽光パネルや、住宅用などで使用される三角や台形の太陽光パネルの処理も可能です。

図表4-14は、カバーガラスを剥離後の太陽光パネルです。ブラストによりガラスの粒子の大きさによって分別し、リサイクルに回します。山形県米沢市にある未来創造で装置の製造・設置を行っています（図表4-15）。

図表4-14　カバーガラス剥離後の太陽光パネル

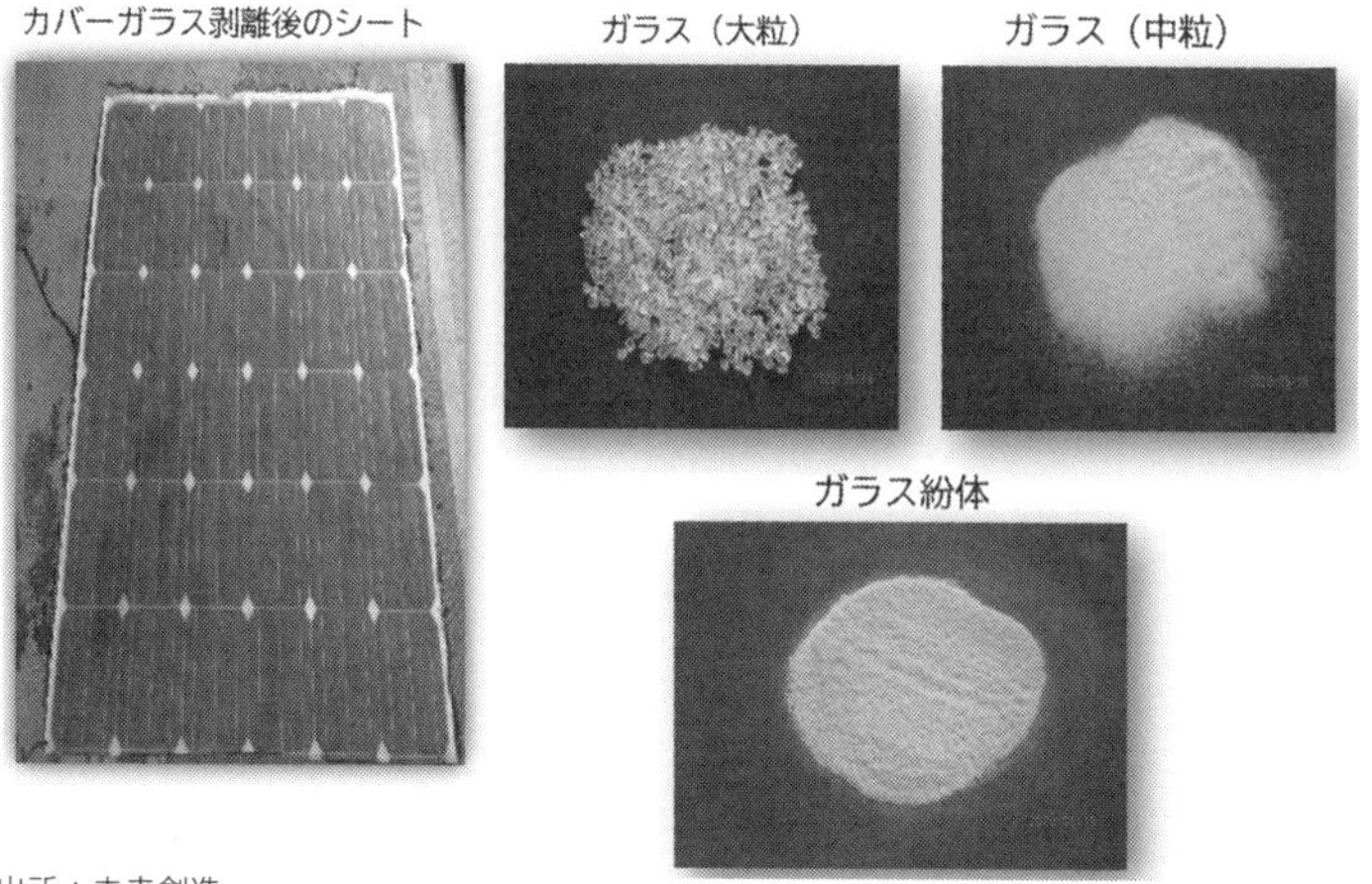
カバーガラス剥離後のシート
ガラス（大粒）
ガラス（中粒）
ガラス紛体

出所：未来創造

図表4-15　カバーガラス剥離装置（手動式）

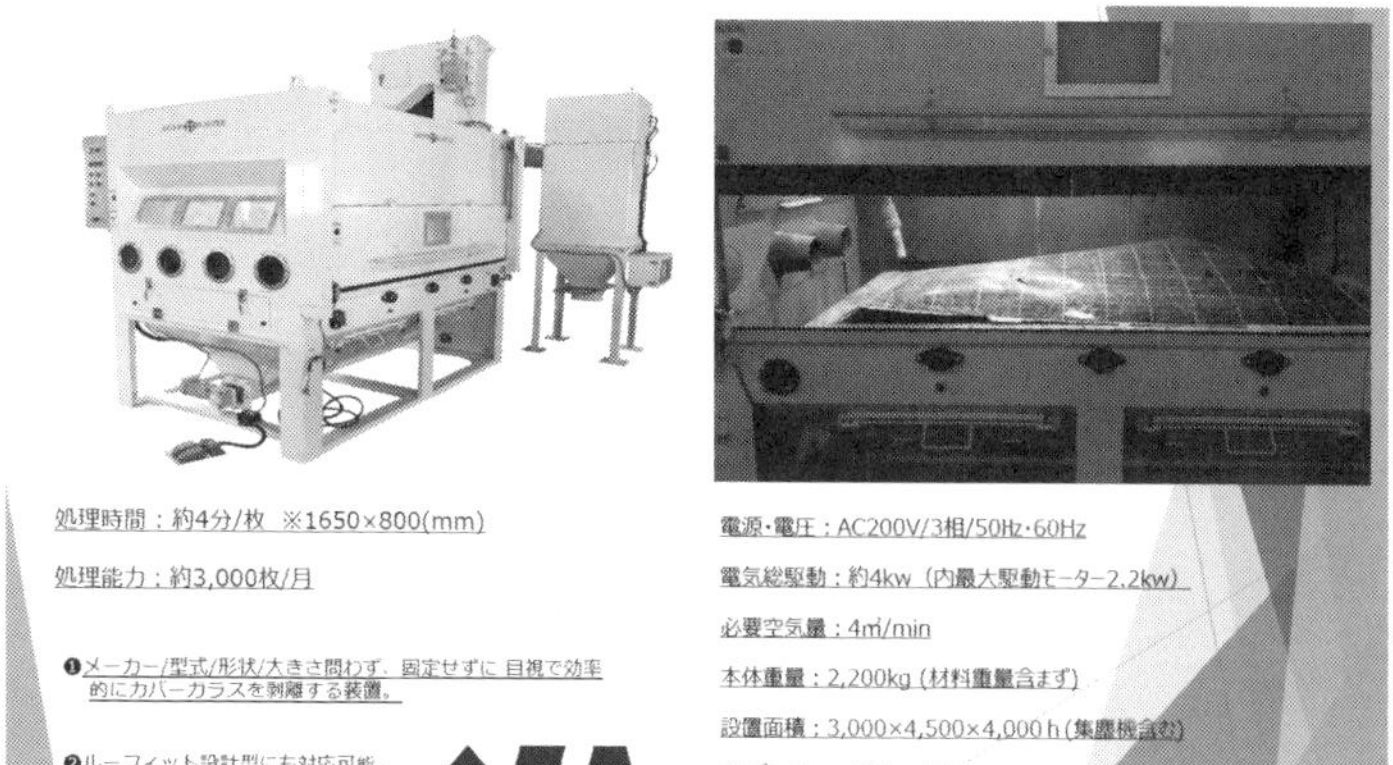
処理時間：約4分/枚　※1650×800(mm)
処理能力：約3,000枚/月
❶メーカー/型式/形状/大きさ問わず、固定せずに目視で効率的にカバーガラスを剥離する装置。
❷ルーフィット設計型にも対応可能。
電源・電圧：AC200V/3相/50Hz・60Hz
電気総駆動：約4kw（内最大駆動モーター2.2kw）
必要空気量：4㎥/min
本体重量：2,200kg（材料重量含まず）
設置面積：3,000×4,500×4,000h（集塵機含む）
コンプレッサー：37kw以上

出所：未来創造

図表4-16　回転刃によりカバーガラスのみ削り取る装置

出所：近畿電電輸送（装置メーカー：近畿工業）

2．回転刃によりカバーガラスのみ削り取る装置

回転刃（ローラー）によってガラスを削り取る装置です。回転刃の間に太陽光パネルを通すことで、ガラスを剥離します。規格外の太陽光パネルや変形した太陽光パネルについても破砕が可能です。図表4-16は近畿電電輸送の「ReSola」です。アルミの位置をセンサーで感知し、自動でアルミフレームの取り外しを行い、二軸の破砕機でガラスとシートに分けます。

3．裏側のシート層（樹脂層）のみ削り取る装置

「ブラシ剥離法」ともいわれ、カバーガラスからバックシートやセルを高速で回転する複数の金属ブラシで剥離します。太陽光パネルの受光面の裏側から、バックシート、封止材、セル、電極の順に段階を踏んで削り取る装置です。銀や銅などの有価物を取り出し、ガラスを板状で回収できる利点があります。

4．カバーガラスとシート層（樹脂層）を特殊な方法で分離する装置

「ホットナイフ方式」と呼ばれています。加熱したナイフで、カバーガラスとセルの間の封止材（ＥＶＡ樹脂）を溶かしながら、セルとバックシートをカバーガラス表面から剥離します。ガラスを破壊することなく、板状で回収が可能です（図表4‐17）。

４つの装置ともにアルミフレーム、ガラス、バックシートとセル、ジャンクションボックスに分離をするのは共通です。その後については、図表4‐18のようなイメージになります。この図表は、２番目に紹介した近畿電電輸送の処理フローです。

最初に、ジャンクションボックスを取り外します。ジャンクションボックスは、金属資源として売却します。次に、アルミフレームです。これも金属資源として売却します。ガラスくずはさらに細かく破砕し、分別したあと販売されます。セル・バックシートは、精錬所に持ち込まれ、銀や銅などの有価物が取り出されます。

太陽光パネルのリサイクル専用装置について４つの処理方法を紹介しました。ここ数年は、リサイクルを本業とする産業廃棄物中間処理業者だけでなく、太陽光発電関連の事業者でもこのような装置を導入し、ビジネスを始めるケースが増えてきています。将来的には、太陽光パネルを発電設備の近隣の処理施設に持ち込むことが可能になるでしょう。

図表4−17　自動太陽光パネル解体装置・ライン「ホットナイフ分離法®」

出所：エヌ・ピー・シー社

図表4−18　太陽光パネルリサイクルの処理工程

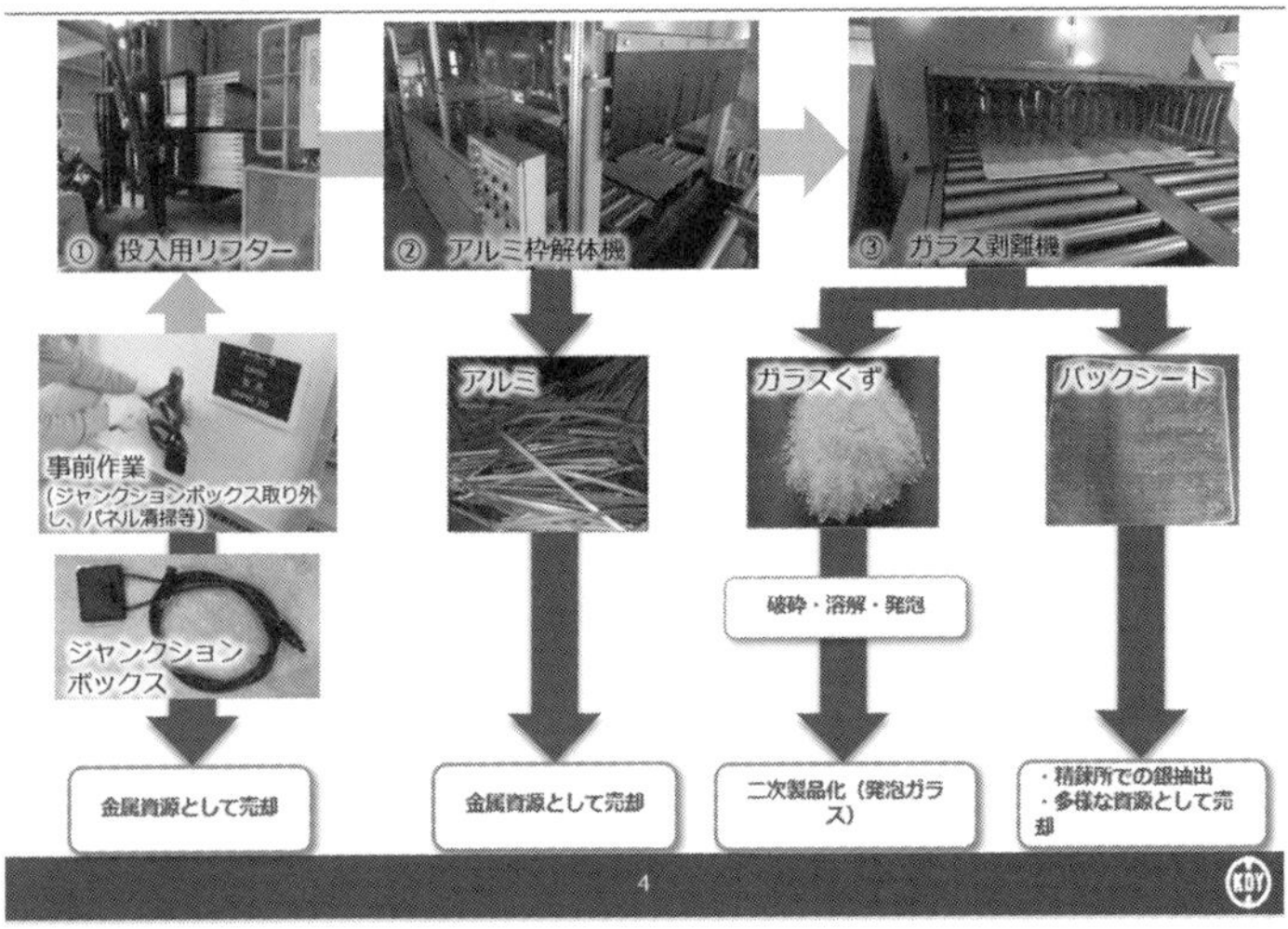

出所：近畿電電輸送

太陽光パネルのリサイクル〈インタビュー①〉

近畿電電輸送

近畿電電輸送・リサイクル事業部の岩﨑竜己氏に太陽光パネルのリサイクル事例を聞きました。

――事業概要を教えてください。

1965年に設立し、NTTグループの物流事業や、京都府八幡市の八幡工場にて電柱の破砕・リサイクル事業を中心に行っています。2019年からこれまでの事業ノウハウを活かし、関西圏を中心に太陽光パネルの運搬回収・リユース・リサイクル事業を展開しています。

――リサイクル事業を始められたのは、どのような背景でしたか。

一番のきっかけは、2017年後半に太陽光パネルメーカーに廃棄するパネルの収集運搬をお願いされたところからです。当時、リサイクル・廃棄はやっていませんでした。当社はNTT協力会社として、八幡工場で電柱の処理・リサイクルを行っていましたが、年々その処理件数は少なくなっており、敷地を遊ばせていたことがありました。関西圏には事業者が少ないこともあり、太陽光パネルのリサイクルをビジネスチャンスと考えて1年ほどかけて準備をし、2019年4月から事業をスタートしました。

――4年ほど事業をやってきて、世の中の流れなど、どのように感じていますか。

お客様の意識が確実に変わっていると感じています。埋め立てに回る案件は減り、リサイクルを選ばれるお客様が増えています。企業もゼロエミッションへの取り組みで、社内の産業廃棄物のうち、埋め立てする量を5％にするという社内ルールのもとにご依頼をいただくというお話を聞いています。また、最終処分場がお断りしているケースも増えています。実際には断っていなくても、太陽光パネルの処理価格が異常に高く、リサイクルするほうが安いという現象も起き始めています。

――事業の特徴や強みを教えてください。

大きく3つあります。

1つ目は、当社の処理機械は、どのパネルの種類でも、割れているものや変形しているものでも受け入れることが可能です。

2つ目は、当社はNTT協力会社ということもあり、厳しいコンプライアンスチェックを行っています。契約書、マニュフェストの発行、処理の流れもきっちりやらせていただいています。どこで処分したのかのエビデンスは、FITを終了するときにも必要になってきますので、とても大切です。

3つ目は、埋め立てはしないということを徹底しています。つまり、100％リサイクルを目指しています。今まで埋め立てされることが多かった太陽光パネル総重量の6割を占めるガラスには、清澄剤として多量のアンチモンが含まれていますが、これを無害化して太陽光パネルのガラスを原料とする発泡ガラス製造に着手しています。現在、製造プラントを更改中で、1年後には製造を再開する予定です。

このように、ノウハウを持って完全なリサイクルを行っている事業者は全国を見てもまだ数社しかいないと思います。

――最近の成功事例などはありますか。

数年前からハウスメーカー、家のリフォーム業者、屋根の修理業者の方々などから問い合わせをいただくようになりました。ここはまとまったボリュームで定期的にご依頼をいただいています。住宅用は2009年から、事業用は2012年から本格的に普及しましたので、10年に一度と言われている屋根のメンテナンスのタイミングや、モデルハウスの解体のタイミングで設置していた太陽光パネルの撤去が行われています。

また、直近では、家電量販店からの問い合わせも増え始めています。家電量販店は、グループ会社で太陽光パネルの設置や解体、家のリフォーム業などを行っていることもあり、このような問い合わせが増えているのかと思われます。

――事業としての課題は何でしょうか。

大きく2つあります。

まずは、太陽光パネルのリサイクル事業単体での収支ハードルが高いという点です。こうした事業を行うためには、人件費のほか、倉庫や機械といった大規模な設備投資が必要となるため、長期的な目線での投資計画が必要です。これから数年後に大量廃棄の時代が必ずやってきます。そのときまで体力が持たず事業をやめてしまうという会社が出てくるのではないかと懸念していますし、実際にそのような話を聞いたこともあります。いざというときに適切な対応ができる事業者を今から育てる必要があり、国や行政の支援が不可欠だと感じています。

次に、発電事業者の意識をもっと高めていく必要があると考えています。リサイクルとは、埋め立てをしないことです。今できることは、のちの世代にツケを回さないと当社の代表も言い続けていますが、技術的には完全リサイクルすることが可能になりました。したがって、確かにコストはかかりますが、積み立ての制度もできましたので、処分費用を捻出して、人の手をかけてきちんとリサイクルを行っていくことが今、最善の行動だと思っています。

既存設備を活用したリサイクル

次に、既存の設備を活用した、リサイクル設備運営の例を紹介します。ＪＰＥＡの適切な処理団体にも記載されているリーテム社は、既存の破砕装置（図表4‐19）を活用し、太陽光パネルの受け入れを行っています。太陽光パネル以外の産業廃棄物や小型家電と一緒に前処理後、破砕して集塵、風力による選別、磁石による選別、回転選別などで、鉄、非鉄などそれぞれに分別していきます。割れや変形などの太陽光パネルも問題なく処理でき、一度に大量の処理が可能なため、低コストで受け入れを行っています。同社のように既存の設備を活用した中間処理業者も今後増えてくるでしょう。

図表4‐19　破砕装置

出所：リーテム社

太陽光パネルのリサイクル〈インタビュー②〉　リーテム社

リーテム社・営業部の浜田悟志氏に太陽光パネルのリサイクル事例を聞きました。

――事業概要を教えてください。

1951年に設立し、茨城県東茨城郡茨城町の水戸工場と東京都大田区の東京工場にて、OA機器などの使用済み製品を大型の破砕機で砕き、金属の特性に応じた装置で選り分け、精錬原料を再生する事業を中心に行っています。既存設備を活かし、2020年から太陽光パネルのリサイクル事業を展開しています。

――リサイクル事業を始められたのは、どのような背景でしたか。

当社は、中間処理業者としてこれまでパソコン、サーバーといったOA機器を得意とし、事業を展開してきました。しかし、近年のテクノロジーの進化によって、年々OA機器の受け入れ件数が縮小していたなかで、新しいビジネスチャンスを考えていました。そのときに、たまたま太陽光パネルを受け入れてもらえないかという問い合わせがありました。以前から少しあったものの、問い合わせが何件か重なったことをきっかけに、ニーズがあると考え、太陽光パネル廃棄の課題や、今後の大量廃棄が起こることについて調べてみました。

当時、同業者の前例が少なく、どのような成分が含まれているか不明な太陽光パネルを受け入れることをリスクに感じているところも多く、まだ積極的に行っている事業者がほとんどいない状況でした。そこで、まずは試験的に水戸工場にて太陽光パネルを受け入れ、破砕をして、成分分析を行いました。すると、一部焼却は発生するものの、問題なく受け入れができることがわかりました。そこで2020年あたりから当社として本格的に受け入れを行っていくようになりました。

――事業の特徴や強みを教えてください。

大きく3つあります。

1つ目は、価格面です。当社は、既存の設備を利用してリサイクルの事業を始めているというのが大きな特徴だと思います。そのため、設備の投資にコストがかかっていませんので、より安価な価格で処理を行うことが可能な点です。

2つ目は、スピードです。大型の破砕機で一度に大量に粉砕をするため、スピード感を持って対応ができます。専用の処理設備ですと、太陽光パネル1枚あたり2分程度かかっていると聞いていますが、当社の場合は20〜30枚、一気に処理が可能です。

3つ目は、どの太陽光パネルの種類でも、割れているものや変形しているものでも受け入れることが可能です。特に住宅用は、台形・小型の太陽光パネル、また屋根材などと一体型になっている太陽光パネルもありますが、すべて受け入れ可能です。そのため、専用の処理設備をお持ちの同業者の方からご相談をいただくこともあります。

破砕機には、他の廃棄物とは混ぜないで、太陽光パネルを処理するだけの時間をつくっています。そうすることで、ガラスやプラスチック、金属などにそれぞれ分けることができます。どうしてもガラスに細かな金属やプラスチックが混じるため、一部焼却をしています。サーマルリサイクルという形で残渣はアスファルトなどの原料になっています。また、銀などが入っている有価物に関しては精錬業者へ出荷しています。

——最近の成功事例などはありますか。

新潟県での雪害で出た1万枚の太陽光パネルの処理に立ち会ったのは印象的でした。雪の重さに耐えきれず3分の1の太陽光パネルが破損してしまったということでした。斜面に設置してあることもあり、廃棄パネルを一時保管する場所もないということで、大量の太陽光パネルをスピード処理することができる業者を探しているということで問い合わせをいただきました。提携の運搬業者と連携し、大型トラックで何回か往復して回収、当社の水戸工場にて一気に処理を行いました。当社にとっても両面の太陽光パネルを取り扱うのは初めてで、ガラスの量が違うことがあることなど勉強になりました。

——事業としての課題は何でしょうか。

当社は、専用設備でのリサイクルに比べて、不純物が混ざりやすくなるため、リサイクルの質という点ではどうしても劣ってしまいます。依頼主がそれをどう判断するかという点があるかと思います。大手のリサイクル業者も参入しているので、コストダウンだけではなく、事業として強みをどう打ち出していくか検討していく必要があります。

業界全体の課題ということになると、やはりガイドラインの改訂などは注目しています。現在の環境省のガイドラインでは、埋め立ても容認しているような表現となっています。したがって、廃棄パネルを出す側も適切にリサイクルを行う必要性を感じていなかったり、そもそもそういった処理施設があることを知らない場合も非常に多いのが実情です。

現在のところ埋め立て処分することに関して規制などはありませんが、新築戸建て住宅などに太陽光パネルの設置を義務づける条例が成立した東京都の動きなどを見ていると、爆発的な枚数の廃棄パネルが発生することは間違いありません。今は、大型案件などで企業からの依頼がほとんどですが、一般の方が廃棄を本格的に検討する場合、事業者が適切な処理を考えることができるのかを懸念しています。

廃棄処分に必要な手続きについて

太陽光パネルの廃棄処分に関係する「法規制」について紹介します。太陽光パネルは、産業廃棄物になるので、廃棄物処理法に基づいて以下の義務が排出事業者に発生します。排出事業者は、基本的には発電事業者です。対象となる方々は、理解を深めていく必要があります。

1. 適切な事業者への処理委託、もしくは排出事業者自らによる処理を行う必要がある
2. 委託契約書及び産業廃棄物管理票（マニフェスト）において太陽電池モジュールを明記する
3. 廃棄物の適正な処理の方法についての情報提供
4. マニフェストの交付
5. 産業廃棄物処理の適正な対価の支払い
6. 産業廃棄物処理の委託状況の確認、埋立処分が終了するまでの必要な措置

以上について、順番に説明していきます。

1. 適切な事業者への処理委託、もしくは排出事業者自らによる処理を行う必要がある

排出事業者は、基本的には発電事業者になります。排出事業者（発電事業者）が産業廃棄物の処理を委託する場合には、必要な許可を取得した事業者に委託することが義務づけられています。このとき、排出事業者は、廃棄物処理法に基づいて、都道府県などから必要な許可を取得した産業廃棄物の収集運搬業者、リサイクル業者、あるいは埋立処分業者のそれぞれと直接、書面により委託契約を締結する必要があります。

必要な許可を取得したというのは、例えば、収集運搬を委託する際に、発電設備で引き取る場合は、発電設備の所在地の都道府県と持ち込む中間処理場の都道府県両方で太陽光パネルに該当する品目の収集運搬許可が必要になります。太陽光パネルは、前述したように、「金属くず」、「ガラスくず、コンクリートくず及び陶磁器くず」、「廃プラスチック類」に該当します。

排出事業者自らが処理を行う場合にも、産業廃棄物の保管、収集・運搬、処分において産業廃棄物処理基準に従う義務があります。現実的には、排出事業者が自ら太陽光パネルを適切に処理することは難しく、適切な処理事業者に処理を委託することが大半です。

2. 委託契約書及びマニフェストにおいて太陽電池モジュールを明記する

マニフェストにおいて太陽電池モジュールであることを明記する必要があります。また、引

き渡しの際に交付する産業廃棄物管理票の廃棄物の名称又は備考欄に使用済み太陽光パネル（太陽電池モジュール）であることを明記して、埋立処分業者が適正に処理できるようにする必要があります。

3．廃棄物の適正な処理の方法についての情報提供

排出事業者（発電事業者）は、産業廃棄物の適正な処理のために、必要な情報を処理業者に提供することが義務づけられています。太陽光パネルの適正リサイクル処理には、環境負荷が懸念される化学物質の含有情報を把握する必要があるためです。具体的には、図表4-20の廃棄物情報処理シート（WDSシート）を作成し、提供することです。必要な情報は、太陽光パネルメーカーのウェブサイトなどから入手が可能です。メーカーと品番・型式については、太陽光パネルの裏側に貼ってあるラベルに記載されています（図表4-21）。WDSシートの内容については、環境省の「廃棄物情報の提供に関するガイドライン（WDSガイドライン）」にて詳細が記載されています。

現在発生している問題として、太陽光パネルのメーカー、製品によってはWDSシートに記載する情報の入手が困難な場合があります。JPEAの申請代行センターのデータベースに登録されている太陽光パネルのメーカーの数は300社を超えています。現時点でメーカーが廃

図表4-20　太陽電池モジュールの廃棄物情報処理シート（WDSシート）

＜表　面＞

管理番号

廃棄物データシート（WDS）

※1 本データシートは廃棄物の成分等を明示するものであり、排出事業者の責任において作成して下さい。
※2 記入については、「廃棄物データシートの記載方法」を参照ください。

作成日　平成　年　月　日　　　記入者

1	排出事業者	名称		所属	
		所在地	〒	担当者	TEL FAX
2	廃棄物の名称				
3	廃棄物の 組成・成分情報 （比率が高いと思われる順に記載） □　分析表添付（組成）	主成分 他		MSDSがある場合、CAS No.	
		・成分名と混合比率を書いて下さい。 ばらつきがある場合は範囲で構いません。 ・商品名ではなく物質名を書いて下さい。重要と思われる微量物質も記入して下さい。			
4	廃棄物の種類 □産業廃棄物	□汚泥　□廃油　□廃酸　□廃アルカリ □その他（　　　　） ※ 廃棄物が以下のいずれかに該当する場合 □石綿含有産業廃棄物　□水銀使用製品産業廃棄物　□水銀含有ばいじん等			
	□特別管理 産業廃棄物	□引火性廃油　□強アルカリ（有害）　□指定下水汚泥　□廃酸（有害） □引火性廃油（有害）　□感染性廃棄物　□鉱さい（有害）　□廃アルカリ（有害） □強酸　□PCB等　□燃えがら（有害）　□ばいじん（有害） □強酸（有害）　□廃水銀等　□廃油（有害）　□13号廃棄物（有害） □強アルカリ　□廃石綿等　□汚泥（有害）			
5	特定有害廃棄物 （　）には混入有りは○、無しは×、混入の可能性があれば△ □　分析表添付（廃棄物処理法）	アルキル水銀（　）　トリクロロエチレン（　）　1,3-ジクロロプロペン（　） 水銀又はその化合物（　）　テトラクロロエチレン（　）　チウラム（　） カドミウム又はその化合物（　）　ジクロロメタン（　）　シマジン（　） 鉛又はその化合物（　）　四塩化炭素（　）　チオベンカルブ（　） 有機燐化合物（　）　1,2-ジクロロエタン（　）　ベンゼン（　） 六価クロム化合物（　）　1,1-ジクロロエチレン（　）　セレン（　） 砒素又はその化合物（　）　シス-1,2-ジクロロエチレン（　）　ダイオキシン類（　） シアン化合物（　）　1,1,1-トリクロロエタン（　）　1,4-ジオキサン（　） PCB（　）　1,1,2-トリクロロエタン（　）			
6	PRTR対象物質	届出事業所　（該当・非該当）、　委託する廃棄物の該当・非該当　（該当・非該当） ※ 委託する廃棄物に第1種指定化学物質を含む場合、その物質名を書いて下さい。			
7	水道水源における 消毒副生成物 前駆物質	生成物質：ホルムアルデヒド（塩素処理により生成） □ヘキサメチレンテトラミン（HMT）　□1,1-ジメチルヒドラジン（DMH） □N,N-ジメチルアニリン（DMAN）　□トリメチルアミン（TMA）　□テトラメチルエチレンジアミン（TMED） □N,N-ジメチルエチルアミン（DMEA）　□ジメチルアミノエタノール（DMAE）			
		生成物質：クロロホルム（塩素処理により生成） □アセトンジカルボン酸　□1,3-ジハイドロキシルベンゼン（レゾルシノール） □1,3,5-トリヒドロキシベンゼン　□アセチルアセトン　□2'-アミノアセトフェノン □3'-アミノアセトフェノン			
		生成物質：臭素酸（オゾン処理により生成）、ジブロモクロロメタン、ブロモジクロロメタン、ブロモホルム（塩素処理により生成） □臭化物（臭化カリウム等）			
8	その他含有物質 （　）には混入有りは○、無しは×、混入の可能性があれば△ □　分析表添付（組成）	硫黄（　）　塩素（　）　臭素（　） ヨウ素（　）　フッ素（　）　炭酸（　） 硝酸（　）　亜鉛（　）　ニッケル（　） 銅（　）　アルミ（　）　アンモニア（　） ホウ素（　）　その他（　）			

出所：環境省

図表４-21　太陽光パネルの裏側にあるラベル

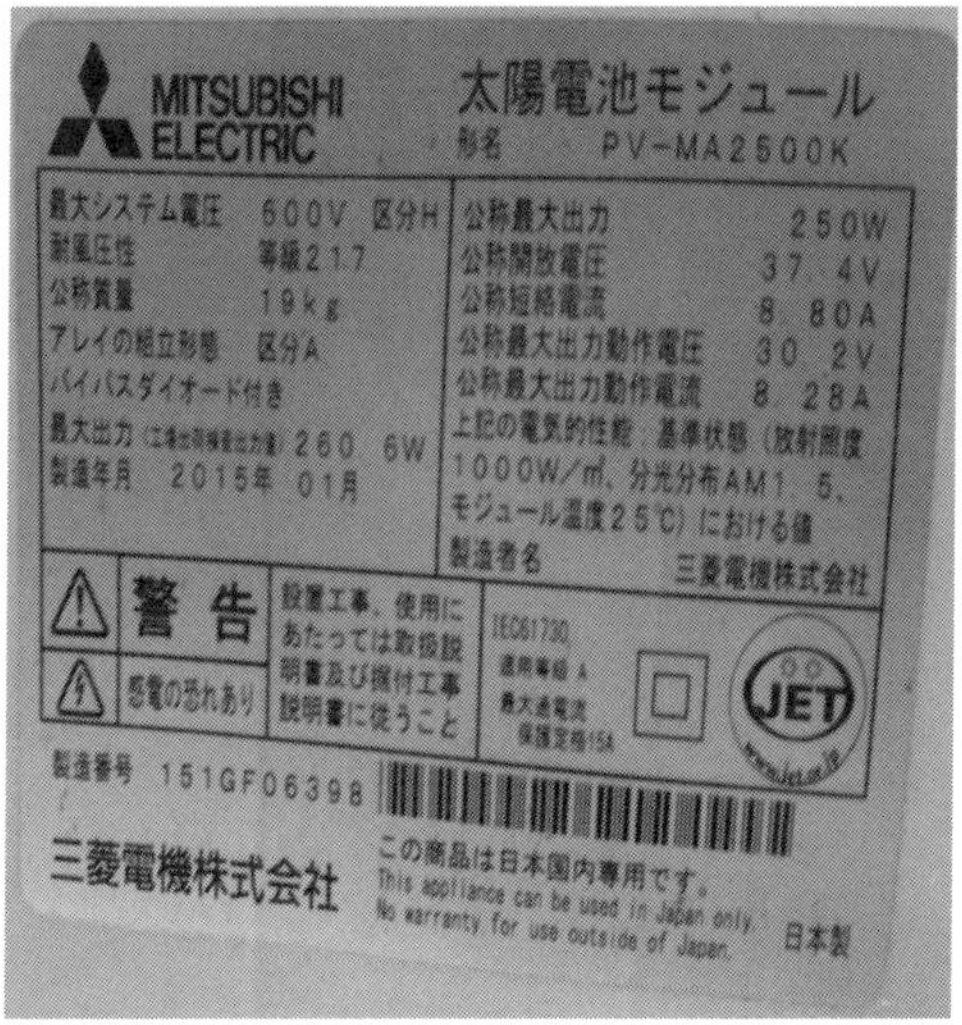

出所：近畿電電輸送

業し、存在しない場合、海外メーカーで日本から撤退している場合も少なくありません。加えて、ラベルの汚れ、剥がれなどにより太陽光パネルのメーカーや品番が不明な場合もあります。したがって、処理事業者に同じ型式の処理実績がないかどうかを確認する、写真などで太陽光パネルの情報提供し、他からデータを入手するなどの工夫が必要な場合があります。

　データがない場合でも中間処理業者によっては、処理場で検査できる企業もありますので相談してみるのもひとつの方法です。発電事業者の方々には、今のうちに太陽光パネルの型式を確認し、ＷＤＳシートを入手、作成しておくことをお勧めします。

4．マニフェストの交付

マニフェストとは、産業廃棄物の処理が適正に実施されたかどうか確認するために発行する伝票です（図表4-22）。排出事業者（発電事業者）には、マニフェストを交付して、委託した産業廃棄物が適切に処理されたことを確認する義務が課せられています（図表4-23）。太陽光パネルを適正に廃棄する際は、マニフェストが必ず必要になってくることを認識しておいてください。

5．産業廃棄物処理の適正な対価の支払い

排出事業者（発電事業者）は、産業廃棄物の処理委託の際には適正な処理に要する対価を委託先に支払わなければなりません。

6．産業廃棄物処理の委託状況の確認、埋立処分が終了するまでの必要な措置

廃棄物処理法において、排出事業者（発電事業者）は、産業廃棄物の委託の状況確認を行い、埋立処分が終了するまでの必要な措置を講ずることが努力義務とされています。最終工程まで確認をするように努める必要があります。

図表4−22　マニフェスト（記入例）

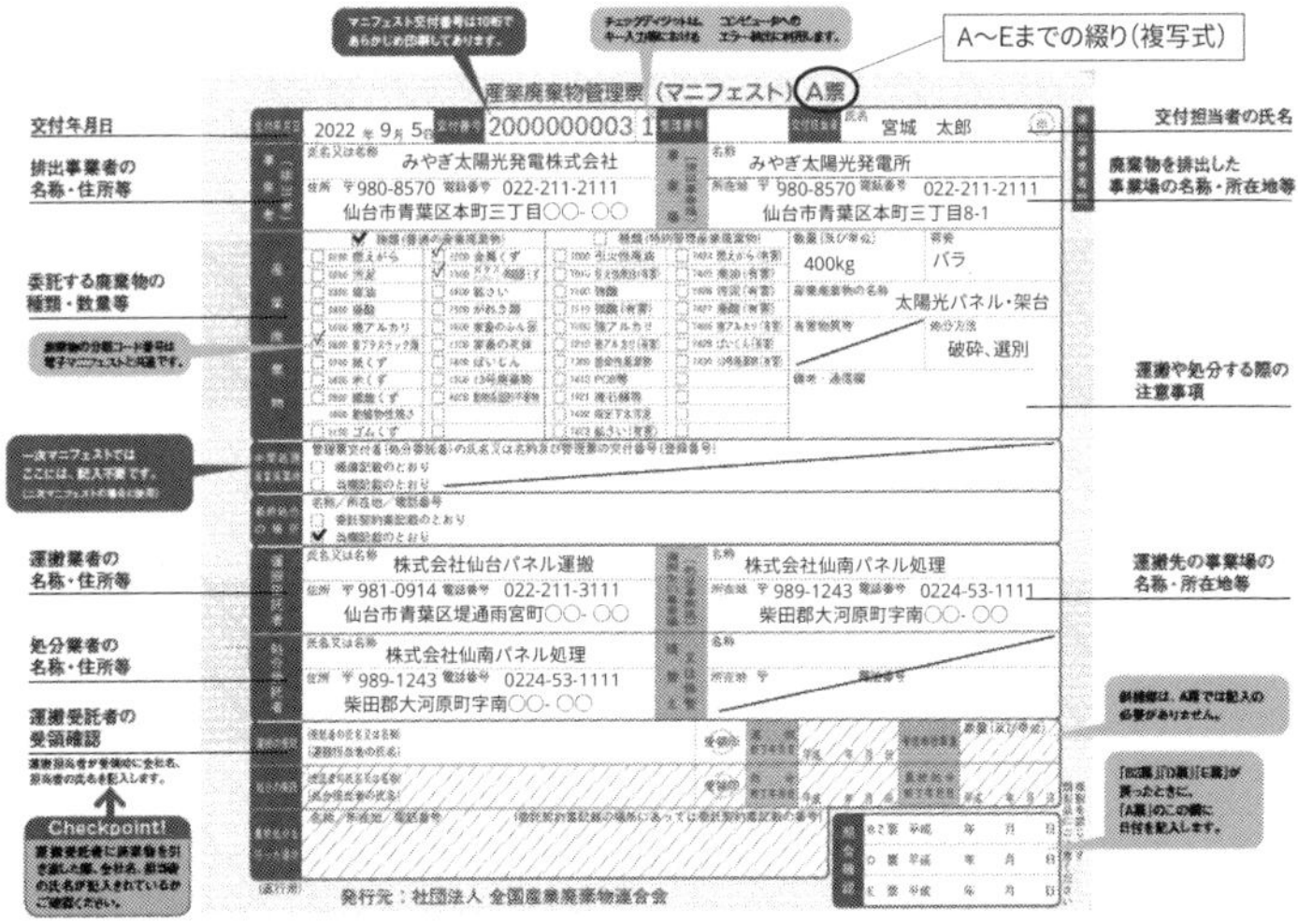

出所：宮城県環境生活部循環型社会推進課

図表4−23　マニフェスト交付の流れ

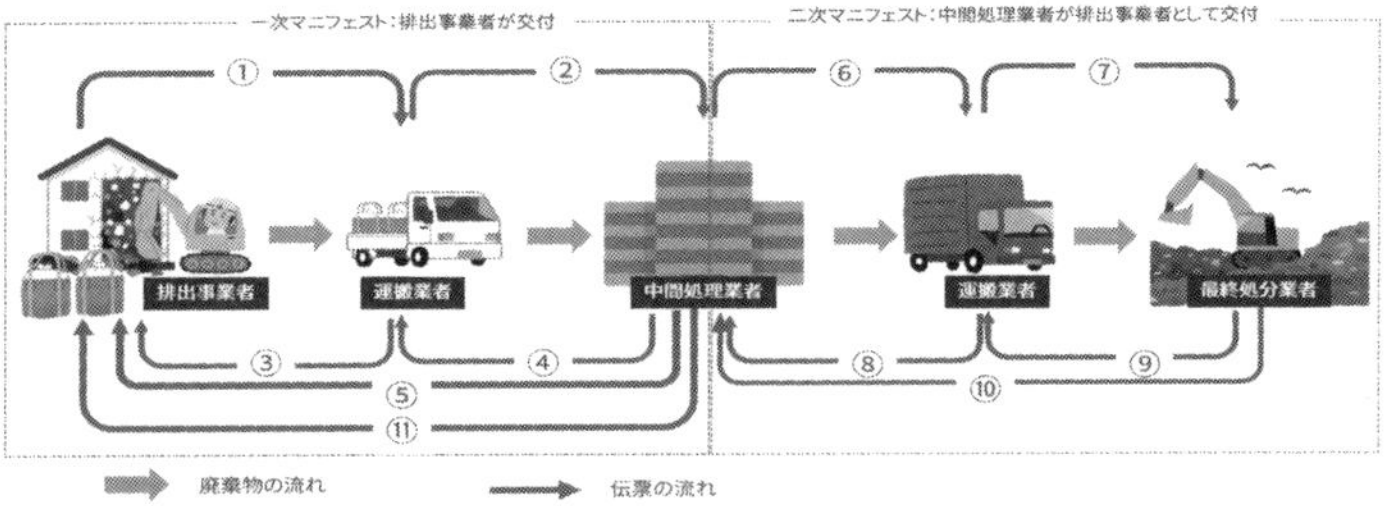

出所：宮城県環境生活部循環型社会推進課

太陽光パネルの適正リサイクル、廃棄に向けた問題点

ここまで適切な処理方法と手続きについて紹介しました。ここ数年、廃棄費用の積み立て義務化など大きな改正もあり、太陽光発電事業者、施工会社、メンテナンス会社、太陽光パネルメーカー各社において、適正な廃棄処理の必要性に対する認識は高まってきています。

環境省も2022年5月に、使用済み太陽光パネルのリサイクルを義務化する検討に入るという動きがありました。太陽光パネルが寿命を迎えて大量に排出される2030年代を見据えて適切な処理制度をつくるのが狙いと思われます。このように、適正な廃棄処分に向けて動き出していますが、未だ解決しなければならない問題点が多く残っています。この章の最後に、今後の適正リサイクルに向けた主な問題点を取り上げていきます。

1つ目は、「適正に処理できる中間処理施設がまだまだ少ないという問題」です。前述した、JPEAが公表している適正処理ができる処理設備は全国でたったの35社程度です（図表4-11）。未だ全国をカバーできる状況ではありません。例えば、太陽光発電設備の数が多い茨城県では2設備のみです。千葉県、栃木県、群馬県については、まだ登録されている処理設備がない状況です。今後どのようなペースで廃棄太陽光パネルが増えていくかの予測は難しいですが、2032年からはFIT制度終了の太陽光発電設備が急増し、太陽光パネルを大量廃棄せ

ざるを得ない状況がやってきます。一つひとつの処理設備の処理能力から考えても、現在の数十倍の処理場が必要になってくるでしょう。

2つ目は、「廃棄費用の問題」です。発電事業者が太陽光パネルをリサイクルに回すケースとして、事業を行っている段階で、不具合や自然災害などにより破損太陽光パネルを廃棄するケースと、事業終了時に廃棄するケースとの2パターンがあります。後者については、積み立て制度がスタートし、強制的に積み立てられています。撤去や廃棄にかかるコスト自体が低下していく必要はありますが、ある程度費用を捻出することができるでしょう。

不具合や災害などによるイレギュラーな太陽光パネルの廃棄のケースについては、より費用負担の問題が発生します。現在は損害保険にて、交換工事から廃棄撤去まで行うことが多くなっていますが、廃棄費用については損害保険の対象から外れるケースが増えています。保険会社から廃棄のリスクまで補償する保険も出てきていますが、保険金が高騰しており、発電事業者によっては、当初の負担を減らすため、保険加入に慎重な事業者も多いようです。事業者の自己負担で廃棄処分を行わなければならないケースが多く、この費用負担をどう抑えていくかが今後の課題になります。費用の問題については、処分コストだけでなく、運送コストも含めて考えていく必要があります。

3つ目は、「発電事業者の廃棄・リサイクルに対する意識が未だ低いという問題」です。そもそも太陽光パネルのメンテナンスについても同様の状況があり、改正FIT法により、ようやくメンテナンスの必要性が浸透しつつあります。廃棄・リサイクルについても同様に、適正なリサイクルの義務化の検討が、より早く進んでいくことが望ましいと考えます。

3つの問題以外にも、太陽光パネルメーカーの撤退による情報提供が実施できないことや、住宅用の屋根に設置された太陽光パネルについては、屋根から適切に撤去することが難しいという問題などがあります。このあたりもガイドラインなどで指針を示していく必要があります。

第5章

新しく生まれる太陽光発電リユース／リサイクルビジネス

図表5－1　世界の太陽光発電システムの導入量の推移（単位：ギガワット）

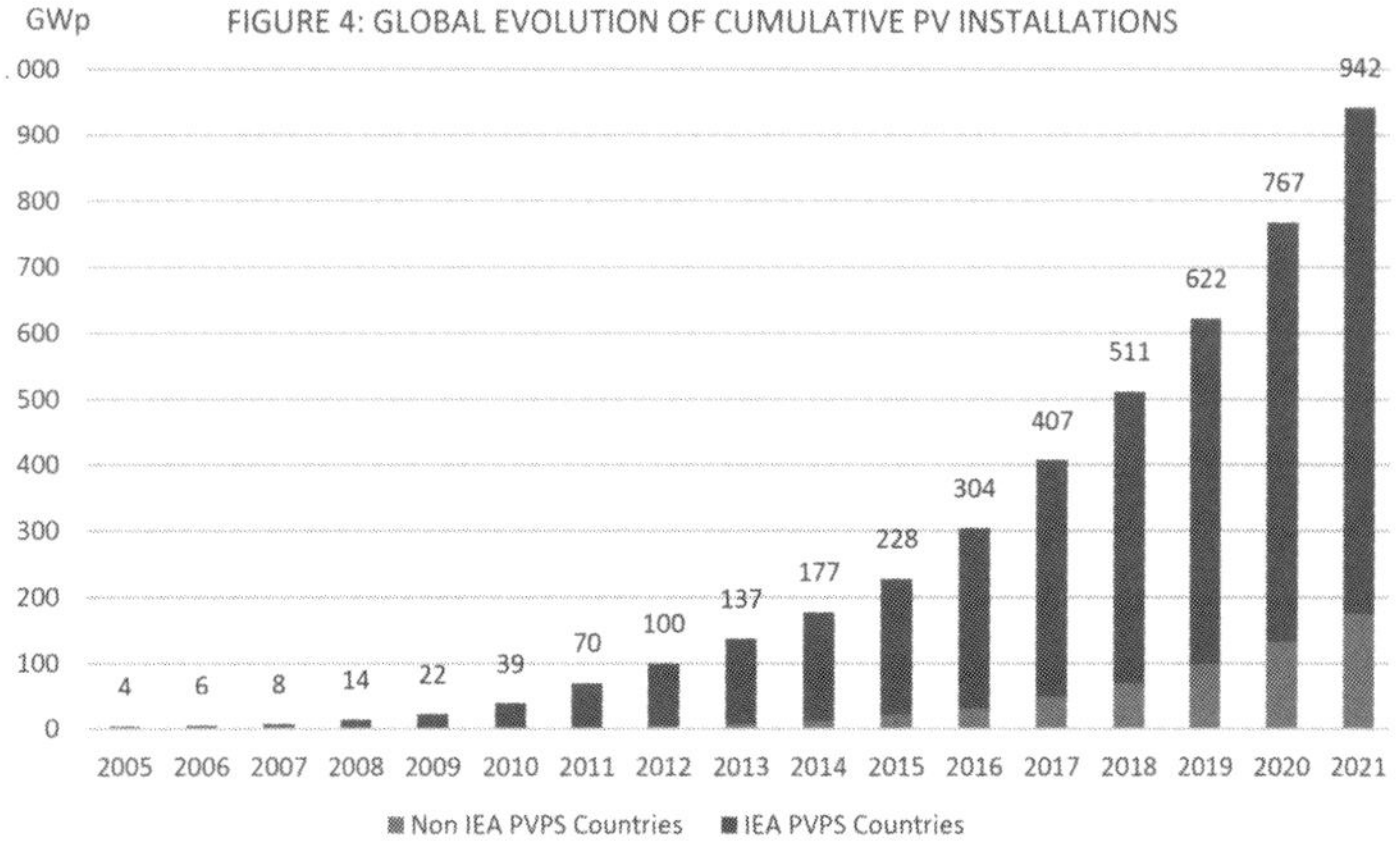

出所：国際エネルギー機関・太陽光発電システム研究協力プログラム（IEA PVPS）「世界の太陽光発電市場の導入量速報値に関する報告書（第10版、2022年4月発行、翻訳版）」

世界の太陽光発電システムの導入量

最初に世界の太陽光発電システムの導入量（図表5－1）から見ていきましょう。太陽光発電システムの導入は、年々右肩上がりで増加しています。2021年末時点の世界の太陽光発電システム累積導入量は942ギガワット以上に達しました。

続いて、2021年末時点の世界の累積導入量ランキング（図表5－2）を見ていきます。中国の累積導入量は308・5ギガワットで世界一です。これに欧州連合（EU）の178・5ギガワット、米国の122・9ギガワット、日本の78・2ギガワット、インドの60・4ギガワットが続いています。豪州は25・4ギガワット、韓国は20・1ギガワットとなりまし

図表5−2　2021年の太陽光発電システム年間導入量及び累積導入上位10カ国（単位：ギガワット）

年間導入量			累積導入量		
	国名	年間導入量		国名	累積導入量
1位	中国	54.9GW	1位	中国	308.5GW
2位	米国	26.9GW	2位	米国	123GW
3位	インド	13GW	3位	日本	78.2GW
4位	日本	6.5GW	4位	インド	60.4GW
5位	ブラジル	5.5GW	5位	ドイツ	59.2GW
6位	ドイツ（EU）	5.3GW	6位	オーストラリア	25.4GW
7位	スペイン（EU）	4.9GW	7位	イタリア	22.6GW
8位	オーストラリア	4.6GW	8位	韓国	20.1GW
9位	韓国	4.2GW	9位	スペイン	18.5GW
10位	フランス	3.3GW	10位	ベトナム	17.4GW
	欧州連合（EU）*	26.5GW		欧州連合（EU）*	178.5GW

出所：国際エネルギー機関・太陽光発電システム研究協力プログラム（IEA PVPS）「世界の太陽光発電市場の導入量速報値に関する報告書（第10版、2022年4月発行、翻訳版）」

た。EU加盟国の中では、ドイツが59・2ギガワットでトップでした。次いでイタリア（22・6ギガワット）、スペイン（18・5ギガワット）、フランス（14・3ギガワット）、オランダ（13・2ギガワット）となっています。

　このように世界の太陽光発電市場をみると、２０１０年代初頭から導入が加速し、その勢いは全世界で拡大しています。２０５０年までのゼロエミッションを達成することが期待されている中で、この動きはさらに加速されることが予想されます。それに伴い、太陽光パネルの廃棄物は、今後数十年でより急速に増加することになるでしょう。

図表5-3　世界の太陽光パネル累積廃棄物量の推定

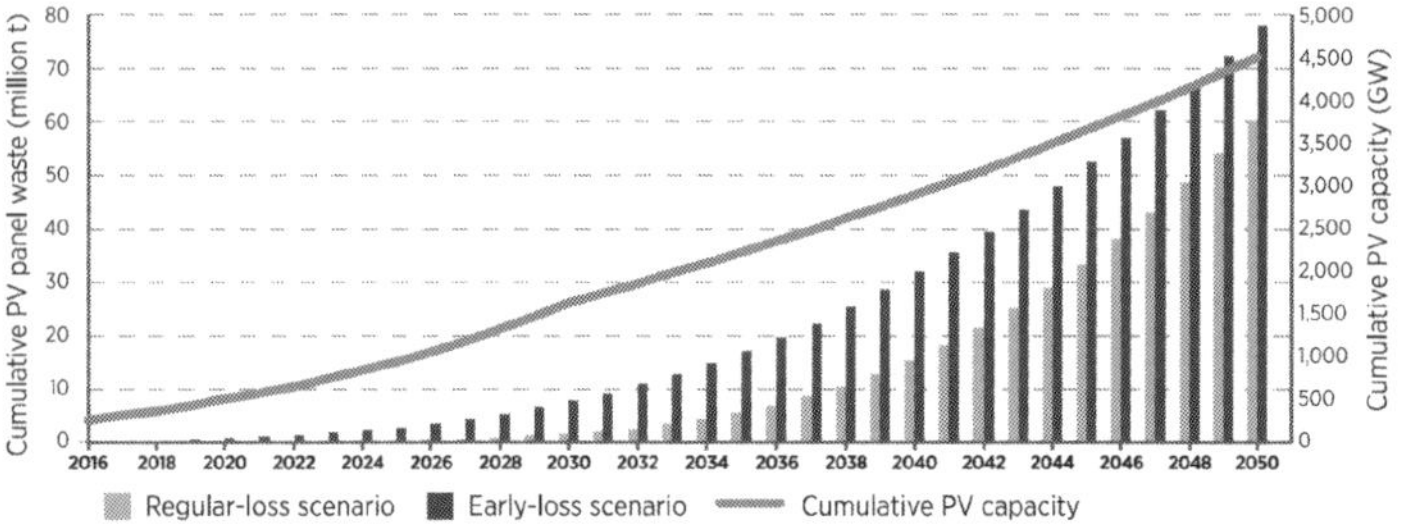

出所：Status of PV Module Recycling in Selected ,IEA PVPS Task12 Countries 2022

世界の太陽光パネル廃棄量

続いて、世界的な太陽光パネル廃棄量（予測を含む）について見ていきます。図表5-3は、太陽光パネルの「通常の故障シナリオ」と「早期故障シナリオ」との2パターンの廃棄物予測が示されています。

「通常の故障シナリオ」では、2016年までに4万3500トン、2020年には10万トン、2030年には170万トン、2050年には約6000万トンまで増加することが予想されています。一方で、「早期故障シナリオ」の場合、2016年までに25万トン、2020年までに85万トン、2030年までに800万トン、2050年までに7800万トンに増加することが予想されています。このことから、早期故障シナリオの場合は、通常の故障シナリオよりハイペースになることがわかります。実際に太陽光パネルは、災害などによる故障や不具合が出やすいことがわかっています。

２０４０年には、世界の太陽光パネルの年間設置量６５０万トンに対して、廃棄量が２５０万～３５０万トン、２０５０年には、年間設置量７００万トンに対して、廃棄量が５５０万～６００万トンになると予測しており、このことから設置量に廃棄量が近づいていくであろうと予測されています。

図表5-4　世界の太陽光パネルリサイクル市場規模

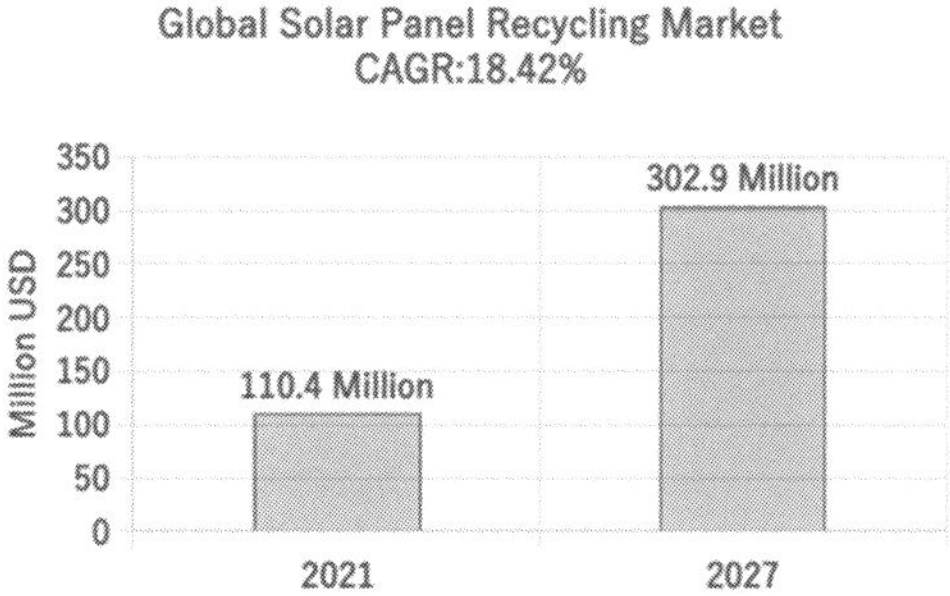

Global Solar Panel Recycling Market
CAGR:18.42%
350
300
250
200
150
100
50
0
Million USD
110.4 Million
302.9 Million
2021
2027

出所：Global Solar Panel Recycling Market CAGR

世界のリユース・リサイクルマーケット

世界の太陽光パネルのリユース・リサイクルマーケットは、どのような推移になっているのでしょうか。調査会社ＩＭＡＲＣグループによると、世界の太陽光パネルリサイクル市場規模（図表5-4）は、２０２１年に１億１０４０万米ドルに達しました。今後、２０２２年から２０２７年の間に18・42％の成長率を示し、２０２７年までに３億２９０万米ドルに達すると予測しています。リユース・リサイクルマーケットに関しては、まだデータが少ないのが現状ですが、それでもビジネスとしても成長していく見込みがあるといえるでしょう。

世界の代表的な回収・リサイクルシステム「PV CYCLE」

世界の中でもEUは、太陽光パネルの廃業やリサイクルに関しての規制が厳しく、いち早く取り組まれてきたリサイクルの仕組みが存在します。

代表的な回収・リサイクルの事例として「PV CYCLE」の概要とリサイクルスキームについて紹介していきます。

1．設立背景と団体概要

EUでは、有害物質が含まれる廃電気・電子機器（WEEE：Waste Electrical and Electronic Equipment）の発生抑制及びリサイクルの促進による埋立処分量の削減、環境・健康への影響低減を目的として2003年に「WEEE指令」が制定されました。その後、2012年には、使用済み太陽光パネルを含む廃電気・電子機器の発生抑制及びリサイクルの促進による埋立処分量の削減などを目的に「改正WEEE指令」が制定されています。

このWEEE指令の改正に先立ち、欧州太陽光発電産業協会（EPIA）、ドイツ連邦太陽光発電産業協会（BSW）、太陽光パネルメーカー6社によって、2007年7月にPV CYCLEは設立されました。

PV CYCLEは、使用済み太陽光パネルの自主的な回収・リサイクル・適正処分システムの構築を目的とした非営利団体（生産者責任機関）として、２０１０年より活動を開始しました。同団体は、改正WEEE指令に基づく各国法に準拠した処理業者のひとつであり、欧州市場における太陽光パネルメーカーの90％以上が加盟しています。EU各国の法制度に準拠して使用済み太陽光パネルの回収・リサイクル・適正処分に取り組んでいます。

これまでに欧州全体で回収した使用済み太陽光パネル重量（累積）は、２０１０～２０１７年末で約１万９１９５トンに上っています。回収重量のうち、その大半が非住宅で運用されていた太陽光パネルです。

２０１５年までに回収された太陽光パネルの80％がシリコン系でした。回収されたシリコン系パネルは、基本的にガラスリサイクル事業者による処理がなされています。ガラスとアルミフレームを回収することで、改正WEEE指令による義務量は、既に達成可能とされていますが、EUのプロジェクトとして、回収率・リサイクル率を可能な限り高めるための技術開発、回収された資源を太陽光パネルとして再生するための技術開発なども実施されています。

2．回収方法

回収ポイント（場所）は計３４７ポイントあります（２０１４年11月時点）。しかし、この中で実際に活動しているのは約35カ所で、回収ポイントの約7割はドイツ、イタリア、フランスに位置しています。ほとんどの回収ポイントは、太陽光パネルの施工業者が運営しています。

欧州最大の太陽光発電導入国であるドイツでは、太陽光パネルメーカーが第三者機関に対して、パネルの処理を委託しています。そのため、メーカーは、国内法に準拠した処理業者を選択し、使用済み太陽光パネルの処理を委託することが可能となっています。

住宅用の太陽光パネルが廃棄された場合、住宅から回収ポイントまでの輸送費用は所有者が負担しますが、回収ポイントからリサイクルプラントまでの輸送費用及びリサイクルにかかる費用は、WEEE情報等管理団体（Clearing House）が計算し、太陽光パネルメーカーなどが負担しています。なお、将来の廃棄処理費用についての保証額として、各太陽光パネルメーカが負担する費用は、「住宅用太陽光パネルの販売重量×回収率（予測値）×重量あたり必要費用」に基づいて算出されています。

一方、非住宅用の太陽光パネルは、発電事業者と太陽光パネルメーカーの間で、その回収・リサイクル・適正処分に係る費用負担を取り決めることが可能になっています。しかし、実態としては、通常の産業廃棄物と同様に、発電事業者が費用を負担するケースがほとんどとなっています。

ドイツのPV CYCLEでは、排出された住宅用の使用済み太陽光パネルが40枚未満の場合、

図表5−5　ドイツにおけるPV CYCLEのリサイクルスキーム

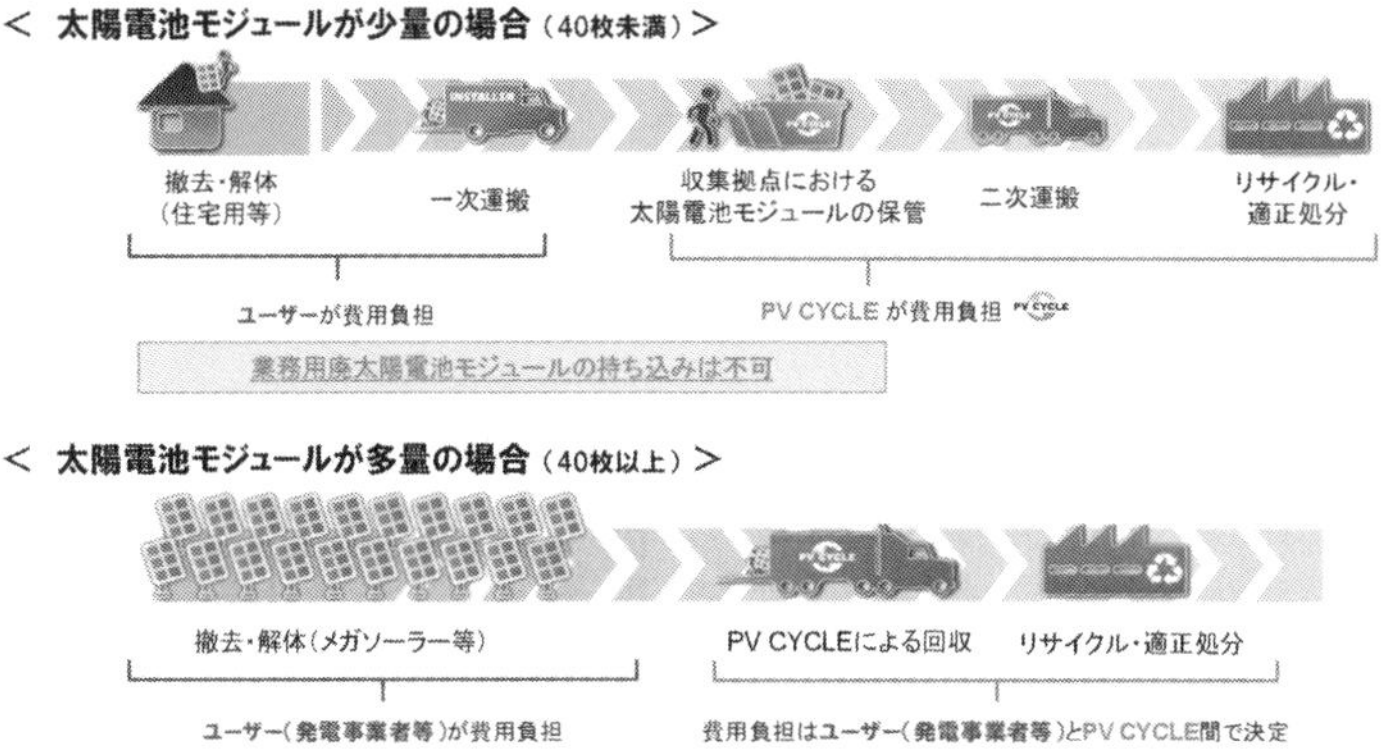

＜ 太陽電池モジュールが少量の場合（40枚未満）＞
撤去・解体（住宅用等）
一次運搬
収集拠点における太陽電池モジュールの保管
二次運搬
リサイクル・適正処分
ユーザーが費用負担
PV CYCLE が費用負担
業務用廃太陽電池モジュールの持ち込みは不可
＜ 太陽電池モジュールが多量の場合（40枚以上）＞
撤去・解体（メガソーラー等）
PV CYCLEによる回収
リサイクル・適正処分
ユーザー（発電事業者等）が費用負担
費用負担はユーザー（発電事業者等）とPV CYCLE間で決定

出所：環境省「太陽光発電設備のリサイクル等の推進に向けたガイドライン（第二版）」

自治体に設置された回収ポイントへの輸送までを所有者が手がけ、それ以降のプロセスはPV CYCLEが実施します。排出された住宅用パネルが40枚以上又は非住宅用パネルの排出の場合、太陽光パネルの解体・撤去までは所有者が、輸送以降のプロセスはPV CYCLEが実施する仕組みとなっています（図表5−5）。

3. 運営費用

運営費用については、会員企業（製造業者など）から会費を徴収し、太陽光発電設備の回収から処理までを担っています。

会費は、各国の太陽光発電設備の回収・処理にかかるコストと、各製造業者の前年シェア（重量比率）と、各国の太陽光発電設備の廃棄量（予測値）とを掛け合わせて算出します。廃棄量の予測値は、過去の導入量に対して、経過年数ごとの廃棄率を掛けて算定します。解体にかかる費用は、太陽光発電設備のユーザーが負担するものとしており含まれていません。改正WEEE指令でも解体は製造業者の責任に含まれていません。

太陽光パネルの処理施設がない国では、他国に輸送して処理を行うため、輸送費が高くなるなど、国によって回収・輸送・処理費用が異なるため、製造業者の会費は国によって異なっています。複数国にまたがって太陽光パネルを販売している製造業者は、それぞれの国でPV CYCLEと契約する仕組みとなっており、PV CYCLEからの請求書や取引口座も国ごとに分かれています。現時点では、廃棄量は少ないため、処理費用の会費への影響は意外と小さく、製造業者の販売シェアのほうが大きく影響しているといわれています。

PV CYCLEは、日本でも2021年6月にPV CYCLE JAPANが設立されました。PV CYCLEは、世界でもひとつのリサイクルシステム事例として参考にされていることが多く、同団体が果たしている役割は非常に大きいといえるでしょう。

各国のリユース・リサイクル

ここからは、各国の太陽光パネルのリユース・リサイクルに関する最新動向を紹介します。

1．ドイツ

ドイツでの太陽光パネルの回収率は85％で、回収されたスクラップ材料のリサイクル率は80％です。累積廃棄物量の予測範囲は、２０３０年までに40万トンから１００万トン、２０５０年には４３０万トンに増加すると予測されています。

①リサイクルの取り組み

先進的なＥＵでも、これまでアルミやガラスに比べて、シリコンの再資源化は技術的に難しいとされていましたが、ドイツでは、早くから太陽光パネルのシリコンのリサイクル技術を開発してきました。

２０２２年3月に、研究機関のＣＳＰ（Fraunhofer Center for Silicon Photovoltaics）とＩＳＥ（Fraunhofer Institute for Solar Energy Systems）、ガラスのリサイクル事業の Reiling 社は、ドイツ連邦経済気候保護省（ＢＭＷＫ）の支援を受けて、シリコンのリサイクル技術を開発したと発表しました。それを基に最新のＰＥＲＣ（Passivated Emitter and Rear Cell）型太陽電池セルを製作したと発表しています。同事業が軌道に乗れば、欧州で初めて太陽光パネルを構成するほとんどの材料の再資源化が実現します。

ほかには、FLAXRES 社が２０２２年7月に輸送用コンテナサイズの移動式太陽光パネル

図表5-6　移動式太陽光パネルリサイクル装置

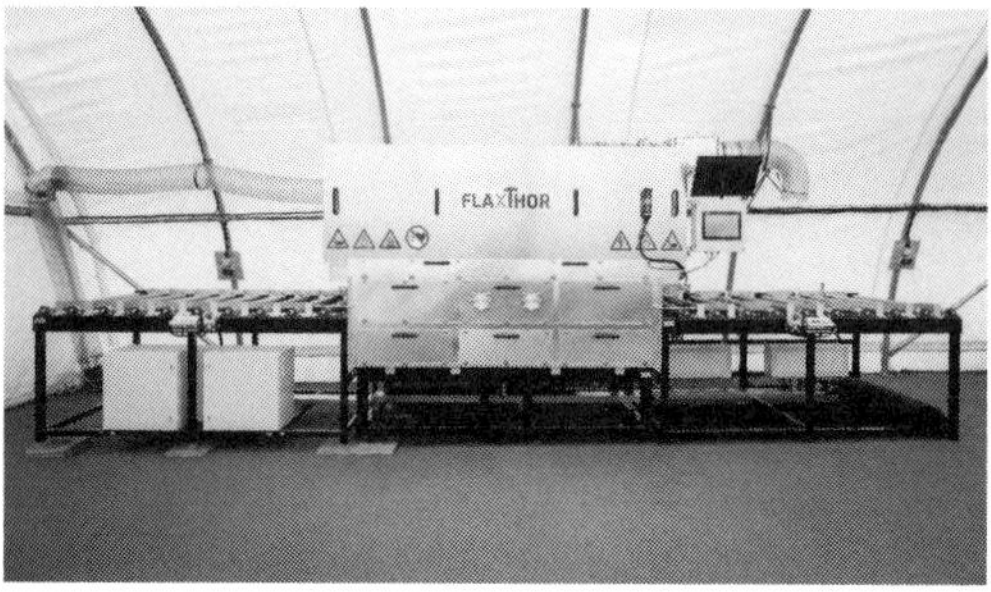

出所：FLAXRES社

リサイクル装置（図表5-6）を開発し、海外展開すると発表しました。太陽光パネル1枚あたり10秒でリサイクルを可能とし、月単位のリース契約ができる仕組みになっています。国際的に太陽光発電ビジネスを展開する企業に対応できるユニークな技術とビジネスモデルといえるでしょう。

②リユースの取り組み

ドイツでは、リサイクルだけでなく、リユース（再利用）への取り組みも盛んです。

環境省の報告書では、再利用が費用的に安価となる方法として、排出現場で再利用可能な太陽光パネルを回収し、撤去の時点で選別、目視、電気検査、パネル（モジュール）の外部電気部品（ケーブル、コネクター、ダイオード）の修理について記録をすることが示されています。

ドイツの公的機関（bifa Umweltinstitut）では、再利用を加速させるために以下の検査手順を推奨しています。

- 目視による検査と洗浄が行われていること。
- I-Vカーブが記録されていること。
- 製品と電気の安全面から、アース導通試験や絶縁試験を実施し、試験の結果に基づいて用途別に電圧を制限すること。
- 結果を記録に残し、その結果をそのモジュールの裏面に貼り付けること。
- 少なくとも6~12カ月の保証期間を設けること。

ドイツ企業の取り組みとしては、主にリユース品を含む業務用途太陽光パネルや部品交換のオンライン・プラットフォームを設立し、品質管理の基準づくりや参加企業による修理、設置、リパワリングのサービスも提供しています。リパワリングとは、経年により劣化した主要部品の交換や、新たな設備を追加することで出力を増強するなどして設備を強化し、出力を増加することです。

SecondSol社は、2010年にドイツで設立したオンラインのプラットフォーム企業です。2020年時点で、欧州にて太陽光パネル、インバーター、蓄電池、アクセサリーなどの新品及び中古品を扱い、4000以上の事業者と3万以上のユーザーを有しています。運営するウェブサイト「SunKauf」（図表5-7）は、購入するものを写真で紹介しており、基本的には以

図表5-7　オンライン・プラットフォーム「SunKauf」

Module mit sichtbaren Schneckenspuren
Ankauf möglich
Module mit Mikrorissen und Zellbruch
Ankauf möglich
Module mit Verfärbungen der Rückseitenfolie
Ankauf möglich

出所：SecondSol社

下のことが規定されています。

•ジャンクションボックス、コネクタ、ケーブルなどは、修理・交換が可能なものとしているため、購入対象としている。

•問題のリスクがあるものを売買はしない（絶縁体、層間剥離、破損したガラス、ホットスポットなど）、購入対象としない。

pvXchange社は、SecondSol社と同様に中古太陽光パネルなどの販売プラットフォームを提供しています。２００９年からは、太陽光パネルの卸売価格の動向に関する物価指数などのレポートも月次で発行しています。

中古の太陽光パネルのリユースは、環境面、社会面から望まれています。加えて、市場としても期待があります。しかし、実際には課題が存在しています。リユースに関する課題も抑えておきましょう。

１つ目は、経済合理性が低いという課題です。価格が下落し、効率が向上している新品と比較すると、中古品が有する出力、製品寿命は、すべての用途に魅力があるとはいえない状況であるといえます（補助金終了時や保険適用により発電所全体の太陽光パネルが一斉に交換されるタイミングであれば、大量に排出されるので経済合理性が生まれます）。

2つ目は、リユース品の輸出先での課題です。欧州では、低所得国で日射量が多いアフリカや東南アジア、中東諸国へ太陽光パネルを輸出しています。それらは、現地で再利用されるため、比較的経済的メリットがあると考えられています。こうした地域は、送電網（電力系統）がない地域です。現地では、中古太陽光パネルは「最適な電力源になり、家庭の電力使用、蓄電及び Wi-Fi のほか、農業用の灌漑や冷蔵など生計を立てるために不可欠なエネルギー」として使われています。一方で、中古太陽光パネルの定義に関する基準、規格、ガイドライン、中古品としての出荷検査も行われていないため、以下のような懸念点もあります。

• 規制や適正な管理システムが欠如しているため、「中古」と表示された太陽光パネルであっても中古品としての価値がなく廃棄物となってしまっている可能性があること。
• 再利用されたパネルが寿命を終えた際には、適切にリサイクルする必要があるが、輸出先地域には、ほとんどの場合、リサイクル施設が存在していないこと。

ここに挙げた課題の解決は、残念ながら現時点で優先順位が低いことが現実で、今後、法規制などはされることになると思いますが、少し時間がかかるでしょう。こうした事例から、先進国でのリユース・再利用は、ニッチ（隙間）な用途に対してのみメリットがある状況で、経済面での評価は、今後なされる必要がありそうです。これは、日本でも同じことがいえるでしょう。

③LCAに関する取り組み

最後は、LCA（ライフ・サイクル・アセスメント）に関する取り組みについてです。LCAとは、商品やサービスの原料調達から、生産・流通、廃棄・リサイクルに至るまでのライフサイクル全体を通しての環境負荷を定量的に算定する手法のことです。

Solarwatt社は、持続可能な太陽光パネルの製品品質基準認証「Cradle to Cradle」を取得しました。「Cradle to Cradle」認証とは、世界的に認められた総合的な製品品質基準です。評価は、材料の品質、材料のリサイクル可能性、エネルギー管理とCO_2排出、水管理と社会的責任の5つのカテゴリで行われます。生態学的側面に加えて、社会的パフォーマンスも評価されます。

同社は、「太陽光パネルはエネルギーを提供するだけでなく、持続可能な形で生産されることも重要である」とし、ここ数年でそれに応じた生産体制を整え、100％グリーン電力を使用しています。材料の調達からリサイクルまでのプロセス全体が評価されることになります。

これは、ドイツのパネルメーカーとして初めての取得になります。

2．フランス

フランスでは、太陽光パネルが124万5000トン設置されており、2030年までに4万3000トン以上、2040年までに11万8000トン以上の廃棄物が排出されると予想されています。

環境保護団体のSoren は、この急激な廃棄物増加に対応するため、太陽光パネルリサイクル専用の3つの新しい施設を設立するための入札を開始しました。そのうちのひとつであるジロンド州サンルーベのリサイクルセンターをEnvie 2E Aquitaine と共同で、2022年9月に開設しました。同センターでは、欧州初となる熱刃剥離プロセスを使用したリユースラインを備えており、太陽光パネルでこれまで使用されていた一般的な「粉砕」プロセスではなく、日本発の技術である「剥離」方法（日本を拠点とするNPC Incorporated から提供）を使用することで、板ガラス、銀、シリコン、銅、アルミニウムなどを回収し、細胞を含むポリマー層を分離することができます。この技術により太陽光パネルの95％をリサイクルすることが可能になり、年間4000トンのパネルを処理できるようになります。また、回収した太陽光パネルのうち約5％は再販できると見積もっています。

水処理や樹脂関連のリサイクルなどで知られる世界的なフランスの大手ヴェオリアグループも、太陽光パネルのリサイクルでも存在感を高めています。太陽光パネルは、工場に運ばれて、アルミフレームを外してから運搬用のカセットに乗せると、自動で分別処理ラインに搬入され、ガラスやセル、金属、その他に分離されるという形でリサイクルされています。

もともと太陽光発電関連ではない、こうした環境大手が乗り出していることからも、太陽光パネルの適正処理、リサイクルが当たり前になりつつあることを実感できます。ヴェオリアグループのような大手が大規模に事業を展開し始めると、まだ標準と呼べる技術が確立されていない欧州でも、同社の手法が標準となる可能性があります。

さらに、ヴェオリアグループ主導のReProSolarプロジェクトでは、純粋なシリコン・銀・ガラスを再び利用できるよう、太陽光パネルのすべての部品（素材）が完全に回収される技術が開発されています。太陽電池をガラス板から効率的に分離できる新しい層間剥離技術です。太陽光パネルのリサイクルのバリューチェーン（価値連鎖）に沿って運営されている公的及び民間部門のパートナー企業と協力して、太陽光パネルを粉砕することなく、すべての材料を回収できれば、太陽光パネルのすべての部品（素材）が初めて完全に回収されることになります。この技術が確立すれば、純粋なシリコン、銀、ガラスを加工業界で再び利用できるようなります。

産業規模での実現可能性は、ドレスデンのパートナーであるFLAXRES GmbHとグルノーブルのROSI Solarに参加している企業で今後、実証が進められます。2023年までに年間5000トンの廃止された太陽光パネルが実証プラントで処理される予定です。

3. ベルギー

CIRCUSOLは、太陽光発電と電気自動車（EV）のProduct Service System（PSS）ビジネスモデルの開発と実証試験を行うためのコンソーシアムのことです。Horizon 2020の資金をもとにベルギーのFlemish Institute for Technological Researchをはじめとする7カ国の5研究機関と10企業で構成されています。

CIRCUSOLでは、PSSを成功させるための要因として、以下を挙げています。

- 環境貢献：高品質なリユース太陽光パネルを市場に供給し普及させる。
- 市場競争力：真の顧客ニーズに応える価値を顧客と共創する。
- 財務の健全性：新しい運用プロセスとデジタル技術によるコスト削減及び新たな収益確保と資金調達の仕組みを作り出す。

実証試験は、ベルギー、フランス、スイスの5カ所で実施されており、そのうちフランスのSt-Remy-de-Maurienne の実証サイトでは、個人投資家と地方自治体からの共同出資により約100キロワット時のリファービッシュ太陽光パネルと、約100キロワット時のリファービッシュEV蓄電池を設置した発電所を建設しています。リファービッシュとは、初期不良品や中古品を製造元が修理・整備して販売することです。

4. 米国

米国の国立再生可能エネルギー研究所（NREL）によると、米国の太陽光パネルの廃棄物は、2030年までに累計で100万トン、2050年には1000万トンに達する可能性があるとしています。太陽光発電のシェアが15％に達するカリフォルニア州など、20年以上かけて多くの補助金が使われ、積極的に導入が進んできました。これまで導入に力を入れてきた一方で、その寿命に関する準備は不足しているという指摘が多くされています。Recycle PV Solar のCEO（最高経営責任者）であるSam Vanderhoof 氏は、「NRELのデータなどに基づく推定によると、実際にリサイクルされるパネルは10枚に1枚に過ぎない」と述べています。

2022年7月、バイデン大統領は、5600万ドルの新規資金で太陽光発電の製造とリサイクルを促進する一連の法案を立ち上げました。特に2900万ドルの資金は、太陽光パネルの再利用・リサイクルを増やすプロジェクトと、製造コストを削減する太陽光パネル設計を開発するプロジェクトを支援するために使われる予定です。

米国を代表する太陽光発電メーカーのFirst Solar社は、ガラスに薄膜セルなどを積層した太陽光パネルという、水平リサイクルの難易度が高い製品にもかかわらず、現時点でリサイクル率90%を実現しているという点が評価されています。

カドミウムテルル（CdTe）を含む材料のリサイクル体制を確立し、米国、マレーシアとベトナムのパネル工場内、ドイツにあるパネル工場跡地にリサイクル施設を備え、処理しています。セルの材料であるCdTeを精錬して、カドミウム（Cd）とテルル（Te）を分け、再び製造ラインに投入できる材料に戻して使っています。

同社の場合、太陽光パネルの製造、出荷、回収、リサイクルまでを、工場で一貫して担うスタイルです。現在、リサイクルしたガラスは、他社に販売して瓶などの製造に使われています。将来は、ガラスも同社が製造する太陽光パネルの材料として再び使うことを目指しています。

現在、ワシントンを含むいくつかの州では、EUの「EPRスキーム」を参考に、同様の法案成立が試みられています。米国で唯一の生産者責任法は、2017年に可決され、2025年に施行される予定です。EPRは「拡大生産者責任」と呼ばれ、一般市民ではなく、製品チェーンの事業体がリサイクルコストを含む使用済みのコストを負担するようになるということで、米国でも今後、太陽光発電メーカーへの責任負担が主流になる見込みです。

5. 韓国

韓国では、2023年からEPRによる使用済み太陽光パネルのリサイクルなどの義務化が始まりました。太陽光パネルメーカーなどを対象に、違反した場合は課税のペナルティがあります。こうした流れを背景に、官民のリサイクル技術開発の推進、仕組みづくりに向けた議論や動きが活発になっています。

2021年12月には、5年間で188億ウォンのプロジェクトとして韓国の鎮川郡南部に太陽光パネルリサイクルセンターが建設されました。同センターが年間処理できるパネルの量は、最大3600トンに達します。韓国の太陽光発電設備の総発電容量は、2011年の79メガワット時から2020年には4126メガワット時に増加しました。韓国のある研究所の報告書によると、2023年には9665トンの太陽光パネル廃棄物が排出されると見込まれています。

廃棄物としての太陽光パネルは、これまでほとんど埋め立て処分されていましたが、2019年ごろから本格的にリサイクルが始まりました。同センターによると、現在、韓国の2つの民間企業が太陽光パネルのリサイクルに取り組んでおり、費用は1トンあたり約12万ウォンとなっています。
同センターの完成に伴い、忠北地域の太陽光発電の廃棄→評価→リサイクルの好循環システムが確立されたことになります。２０２２年1月から稼働・運用され、今後、同センターが多くの関連企業からベンチマークされるモデルになることが期待されています。

6. 豪州

２０２1年以降、豪州全土に３００万を超える太陽光発電システムが設置されました。そのうち60万基がビクトリア州に設置されたことにより、２０３５年までに18万７０００トンの太陽光発電廃棄物を排出することが予想されています。そこで、ビクトリア州では、２０１９年12月に、太陽光パネル含むすべての電子廃棄物の埋立地での廃棄を禁止する法律を可決しました。

豪州のビクトリア州ベンディゴ市は、太陽光パネルのリサイクルを手がけるSolar Recovery Corporation社と共同で、太陽光パネルを無料で分別・リサイクルする専門の回収ポイントを設置しました。Solar Recovery Corporation社は、欧州市場で12年間、99％以上の材料回収率を上げており、特許取得済みの技術により、細断、破砕、湿式冶金、化学薬品、熱処理又は熱分解を使用せずに、あらゆるタイプのパネルから材料を回収しています。まず、機械がアルミニウムフレーム、ジャンクションボックス及びケーブルを太陽光パネルから分離します。次に、自動化されたロボットが解体と選別の責任を果たします。このプロセスで通常回収される材料は、プラスチック、シリコン、ガラス、銅、アルミニウムです。

回収ポイントを導入にすることにより、太陽光パネルを持っているベンディゴ市の住民は、無料で廃棄することができるようになります。ただし、課題もあります。廃棄された太陽光パネルの中には、まだ耐用年数が残っているパネルも多い点です。そのために中古ソーラー市場をサポートするための基準が開発されています。

2022年9月、Breakthrough Victoria は、太陽光パネルの廃棄物を削減するための革新的なソリューションに投資することを目的として、1000万ドルの太陽光発電モジュール廃棄物チャレンジ（戦略）を開始しました。Breakthrough Victoria は、ビクトリア州政府が研究、イノベーション、商業化への投資を促進するために設立した20億ドルの基金を管理する組織です。

豪州は、このような先進的な州がある一方で、その他の州のリサイクル率は低い状況です。

次世代太陽光発電技術、日本が貢献できることはあるか

最後に、次世代太陽光発電技術について日本の技術ができることはあるのか、その可能性について探っていきます。

現在、日本で普及している太陽電池の95％以上はシリコン系太陽電池です。以前は、日本メーカーも生産を行っていましたが、生産コストが安い中国メーカーが拡大し、現在では8～9割を中国から輸入しています。このような中国に依存する形でのサプライチェーン（供給連鎖）の問題や、太陽光パネル設置の適地減少といった課題から、次世代太陽電池の開発が加速しています。

次世代太陽電池には、色素増感太陽電池（ＤＳＳＣ）、有機薄膜太陽電池（ＯＰＶ）、ペロブスカイト太陽電池などの種類があります。中でもペロブスカイト太陽電池の注目度は高いです。ペロブスカイトは、ペロブスカイト結晶の層などを基板に塗布して形成する太陽電池で、現在一般的に使用されている結晶シリコン太陽電池よりも軽量で厚みを約１００分の1にできるほか、折り曲げて多様な場所に設置することも可能です。

そのため、耐荷重の小さい工場の屋根やビル壁面など、既存の技術では設置が難しかった場所への導入が目指されています。ＮＥＤＯでも、軽さや建物の曲面などにも設置できる柔軟性

や、変換効率・耐久性などの性能向上及びコストダウンに向けた開発が進んでいます。

ペロブスカイト太陽電池を活用した宇宙太陽光発電も開発が進んでいます。宇宙は、地球上と異なり天候や季節、日照時間などに左右されないことがメリットで、24時間発電可能です。宇宙空間に巨大な太陽光発電所を造り、大量の電力を地上に送り届けるプロジェクトが日本でも宇宙航空研究開発機構（ＪＡＸＡ）を中心に進められています。マイクロ波で電気を送ってスマートフォンやタブレットなどを充電、工場内のＩｏＴ機器やドローン、ロボットへの給電のほか、道路の下に送電設備を設置することで、ＥＶが充電することなく走り続けることが可能になるかもしれません。

有機系のペロブスカイト太陽電池は、直近7年間で変換効率が約2倍に向上するなど、飛躍的な成長を遂げ、シリコン系に対抗し得る「ゲームチェンジャー」といわれています。次世代太陽電池の世界市場規模は、２０３０年に約５００億円、２０５０年には約5兆円になるともいわれており、世界での開発競争が激化しています。

ここでいくつか次世代太陽光発電の事例を紹介します。

1．フィルム型ペロブスカイト太陽電池

東芝が開発した大面積フィルム型ペロブスカイト太陽光パネル（図表5-8）で、世界最高

図表5-8　大面積フィルム型ペロブスカイト太陽光パネル

出所：新エネルギー・産業技術総合開発機構（NEDO）

図表5-9　フィルム型ペロブスカイト太陽電池

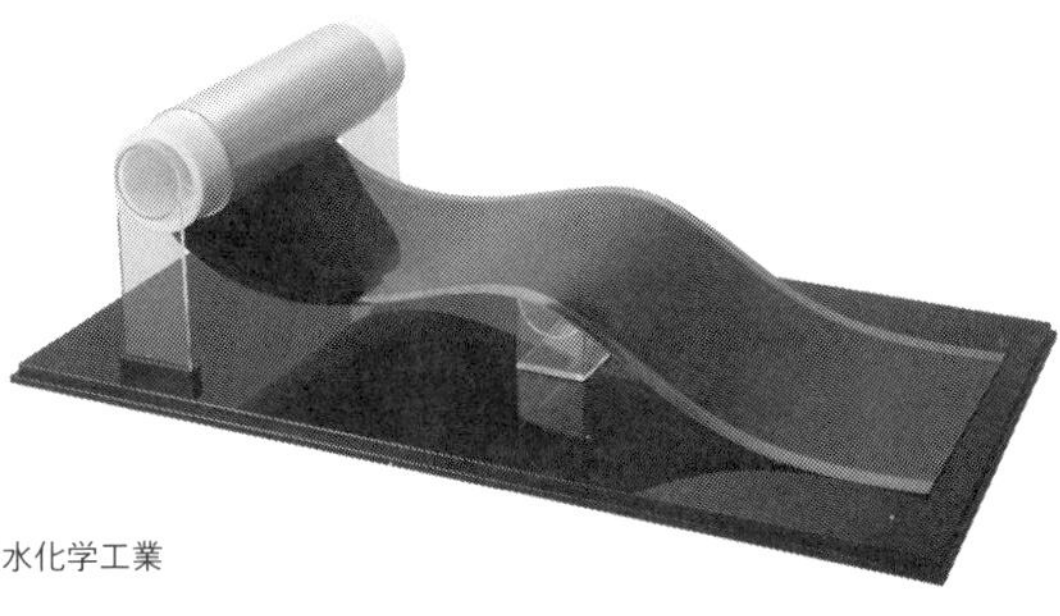

出所：積水化学工業

のエネルギー変換効率15・1％を実現しました。さらなる大面積化を進めるとともに、ペロブスカイト層の材料改良などで、エネルギー変換効率20％以上の実現を目指しています。

２０２２年６月、シャープが実用サイズモジュールでの変換効率を32・65％まで向上させたことを発表しています。

積水化学工業は、２０２２年８月、西日本旅客鉄道（ＪＲ西日本）が開業を目指す「うめきた（大阪）地下駅」にフィルム型ペロブスカイト

図表5-10　高効率結晶系シースルー太陽電池

出所：カネカ

太陽電池（図表5－9）を提供・設置すると発表しました。ＪＲ西日本によると、一般共用施設への設置計画としては世界初の事例になるということです。

2．結晶系シースルー太陽電池

カネカが開発した高効率結晶系シースルー太陽電池（図表5－10）は、オフィスビル・公共施設などの施設に用いられています。透明のガラス窓のような意匠を備えつつ太陽光で発電し、採光性と眺望性が確保されます。

3．無色透明発電ガラス

ベンチャー企業のinQs社が開発した、無色透明形光発電素子技術を活用した無色透明の発電ガラスで、東京都新宿区にある私立海城中学高等学校のサイエンスセンターに設置されています（図表5－11）。可視光を最大限透過しつつ、表面・裏面及び斜めの面から入射する太陽光からも発電が可能になっています。

図表５-11　無色透明発電ガラス（学習展示用）

出所：海城学園

図表５-12　液体の発電インク

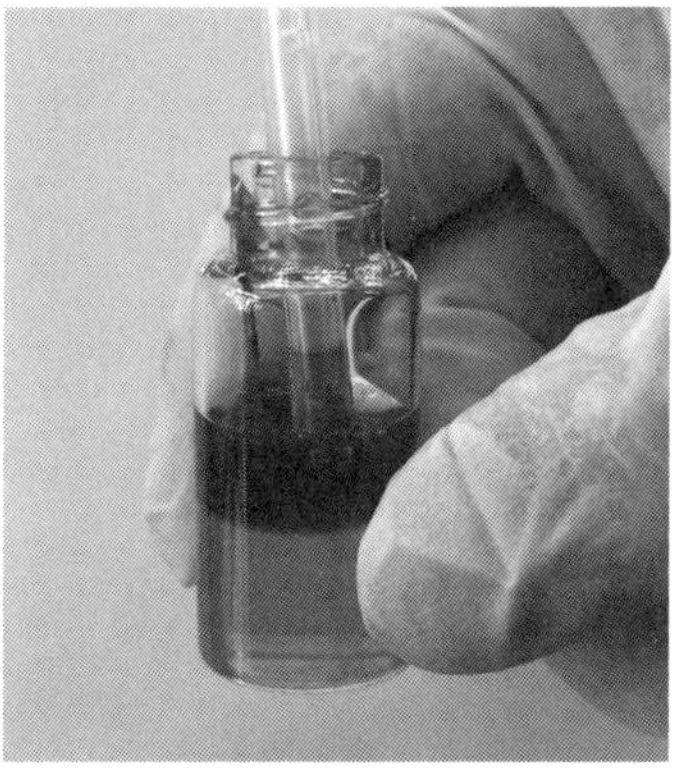

出所：ソーラーパワーペインターズ

　これらの次世代太陽光発電もいずれは廃棄、リサイクルされるでしょう。ＬＣＡを意識して、設計段階でもリサイクルを考慮していく必要性があります。「そもそも廃棄になりにくい素材で作ることができないのか」という視点から開発を進めている事例も出てきています。次世代太陽光発電の最先端技術です。そのような取り組みを既に実践している企業を紹介します。

１．ソーラーパワーペインターズ

　ソーラーパワーペインターズは、栃木県小山市にある国立高等専門学校初のベンチャー企業です。同社が開発しているのは、液体の発電インクです（図表５-12）。液体のため、廃棄の必要がありません。今後は、さらに発電コストを下げる必要があり、５年以内の製品化を目指しています。

図表5-13　超小型球状太陽電池

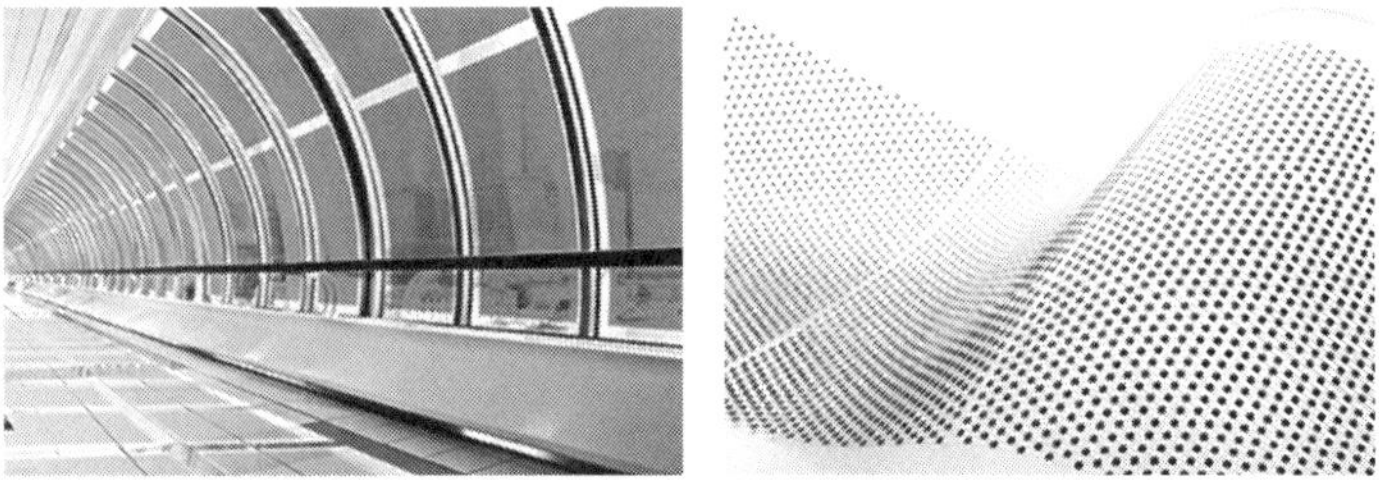

出所：スフェラーパワー

2．スフェラーパワー

スフェラーパワーは、2012年創業のベンチャー企業です。直径1・8ミリの超小型球状太陽電池を開発しています（図表5-13）。今までは面状での発電でしたが、球状にすることでどの方向からも効率よく発電が可能になります。また、シリコン素材の太陽光パネルは廃棄されることが多い現状ですが、球状の太陽電池は何度でも使うことができ、再利用が可能です。全国の自治体で取り扱われ始め、今後さらなる導入が期待されています。

世界では、既に太陽光パネルの廃棄やリサイクル・リユースに関する取り組みがされています。日本は、先進的なドイツやフランスの事例に学びながら、ビジネスとしていかに成り立たせるのかを考えていくタイミングです。加えて、より廃棄が少ない技術などを開発することで世界に貢献していけるのではないでしょうか。

太陽光パネルの排出予測（排出量推計結果）

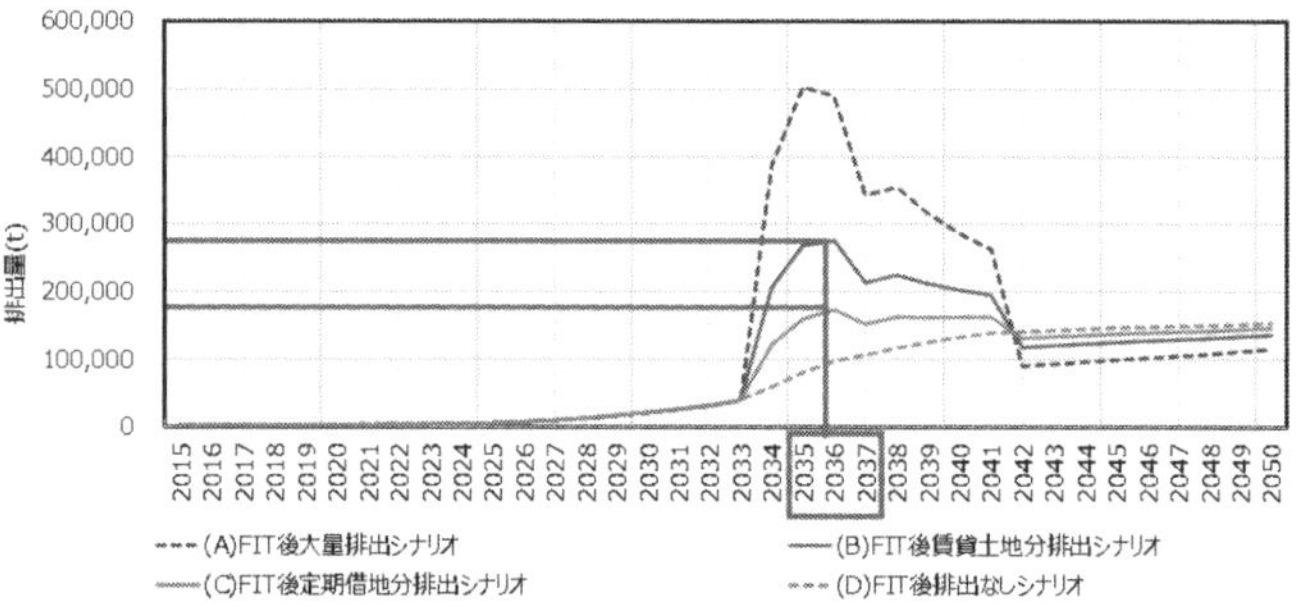

	2020	2025	2030	2036
排出見込み量（B）、（C）	約0.3万トン	約0.6万トン	約2.2万トン	約17~28万トン
平成27年度の産業廃棄物の最終処分量に占める割合	0.03%	0.06%	0.2%	1.7~2.7%

出所：新エネルギー・産業技術総合開発機構（NEDO）「太陽光発電開発戦略2020（NEDO PV Challenges 2020）

おわりに

最後までお読みいただきありがとうございました。

本書では、太陽光パネルのリユース、リサイクル、廃棄の最前線について紹介してきました。本書を通じて読者の方々の知識が増え、この分野にこれまで以上に関心を持っていただければ幸いです。

太陽光パネルのリユース、リサイクル、廃棄は、2020年代後半から話題に上り始め、2030年代には多くの人たちが関心を持つ一大テーマになっていることでしょう。「まだ5年、10年もある」と感じる方もいるかもしれませんが、実際は、あっという間にやってくる近未来です。

第1章でもお伝えしたように、太陽光発電が本当の意味で主力電源になるためには、持続可能な産業になる必要があります。そのためには、産業の中で「循環が成り立っている」ことが大切であり、リユース、リサイクル、廃棄の適切な仕組みづくりが今後の鍵になります。太陽光パネルの循環が生まれることで産業自体のビジネス規模が拡大し、新たなビジネスチャンスや雇用も創出されます。

本書をきっかけに現状や課題を認識していただくとともに、新たに広がるビジネスチャンスを感じてくだされば幸いです。読者の方々と一緒に、太陽光発電が持続可能な産業に成長することに貢献できたらと思っています。

最後に、本書を刊行するにあたっては、『エネルギーデジタル化の未来』（2017年2月刊行、現在3刷目）、『ブロックチェーン×エネルギービジネス』（2018年6月刊行、現在4刷目）、『エネルギーデジタル化の最前線2020』（2019年9月刊行、現在2刷目）に続き、エネルギーフォーラム出版部の山田衆三氏に大変お世話になりました。この場を借りて厚く御礼を申し上げます。

2023年3月吉日

環境エネルギー循環センター理事　江田健二

〈著者紹介〉

江田健二 えだ・けんじ

一般社団法人環境エネルギー循環センター 理事

慶応義塾大学経済学部卒業、東京大学エグゼクティブ・マネジメント・プログラム(EMP)修了。アクセンチュアに入社。同社エネルギー産業本部に所属し、電力会社・化学メーカーなどのプロジェクトに参画。その後、RAUL社を設立。主に環境・エネルギー分野のビジネス推進や企業の社会貢献活動支援を実施。著書に『2025年「脱炭素」のリアルチャンス　すべての業界を襲う大変化に乗り遅れるな!』(PHP研究所、2022年)、『「脱炭素化」はとまらない!—未来を描くビジネスのヒント—』(成山堂書店、2020年)、『エネルギーデジタル化の最前線2020』(エネルギーフォーラム、2019年)、『ブロックチェーン×エネルギービジネス』(エネルギーフォーラム、2018年)、『エネルギーデジタル化の未来』(エネルギーフォーラム、2017年)など。

穴田 輔 あなだ・たすく

一般社団法人環境エネルギー循環センター 代表理事

小樽商科大学商学部卒業。大手鉄鋼商社、コンサルティング会社を経て、2009年に太陽光発電販売のベンチャー企業立ち上げに参画。2014年に太陽光発電設備のメンテナンス事業を行うテクノケア社を設立。1000を超える設備の定期点検から保守修繕までの維持管理を行う。

山口桃子 やまぐち・ももこ

一般社団法人エネルギー情報センター 事務局長

中央大学法学部卒業。大手機械メーカー、人材紹介会社、リユース会社に勤務後、AMBヒトラボ社を起業。リユース・リサイクル業界の人材紹介や人材開発、経営コンサルティング、大学生・高校生のキャリア教育活動を実施。国家資格キャリアコンサルタント。

実務　太陽光パネル循環型ビジネス

2023年5月10日第一刷発行

著者　環境エネルギー循環センター／江田 健二、穴田 輔、山口 桃子

発行者　志賀正利

発行所　株式会社エネルギーフォーラム
〒104-0061 東京都中央区銀座5-13-3 電話 03-5565-3500

印刷・製本　中央精版印刷株式会社

ブックデザイン　エネルギーフォーラム デザイン室

定価はカバーに表示してあります。落丁・乱丁の場合は送料小社負担でお取り替えいたします。

ISBN978-4-88555-534-3